"十三五"江苏省高等学校重点教材(编号：2018-2-062)

应用型本科　汽车类专业"十三五"规划教材

汽车改装技术与创新实践教程

主　编　许广举　王　巍　艾孜买提·艾则孜

副主编　孟　杰　李学智　吕正兵

西安电子科技大学出版社

内 容 简 介

汽车改装已经成为满足人们对汽车产品个性化需求的重要途径。2017 年起，国家相继放宽了汽车产品改装的限制，有效促进了汽车改装行业的规范和健康发展。但是目前适合国内汽车改装领域的专业教材及教学资源较少。

本书是编者及编写团队联合上海车景网络科技有限公司，基于汽车改装业的实际工程案例编写而成的。全书包括汽车改装基础知识、进气系统改装、排气系统改装、点火系统改装、ECU升级改装、制动系统改装等六部分内容，期望为动力机械及工程、车辆工程、汽车服务工程等专业的本科生提供一本汽车改装领域的理实一体化专业教材。

图书在版编目(CIP)数据

汽车改装技术与创新实践教程 / 许广举，王巍，艾孜买提·艾则孜主编. —西安：

西安电子科技大学出版社，2019.11

ISBN 978-7-5606-5512-3

Ⅰ. ① 汽… Ⅱ. ① 许… ② 王… ③ 艾… Ⅲ. ① 汽车改造—高等学校—教材 Ⅳ. ①U472

中国版本图书馆 CIP 数据核字(2019)第 251962 号

策划编辑 高 樱

责任编辑 李英超 雷鸿俊

出版发行 西安电子科技大学出版社(西安市太白南路 2 号)

电 话 (029)88242885 88201467 邮 编 710071

网 址 www.xduph.com 电子邮箱 xdupfxb001@163.com

经 销 新华书店

印刷单位 咸阳华盛印务有限责任公司

版 次 2019 年 11 月第 1 版 2019 年 11 月第 1 次印刷

开 本 787 毫米×1092 毫米 1/16 印张 11

字 数 259 千字

印 数 1～3000 册

定 价 25.00 元

ISBN 978 - 7 - 5606 - 5512 - 3 / U

XDUP 5814001-1

如有印装问题可调换

前　言

随着我国经济的快速发展，汽车的保有量大幅增加，汽车已经快速进入家庭，私人购车比例超过半数，汽车从单纯的交通工具变成了大众消费品。汽车工业的发展衍生了与之相关的众多产业，形成了一种现代汽车文化，汽车改装便是其中之一。

目前，汽车及零部件还不可能完全根据各个地区的使用条件来设计生产，这就为汽车改装留下了一定的空间。汽车改装的目的是根据车辆及零部件的承受能力，最大限度地挖掘车辆潜力，提高车辆的使用性能，同时展现车主的个性。

汽车改装应在不影响车辆安全性能的前提下，经申请并征得车辆管理部门同意后，由经过资质认证的汽车改装企业实施。改装是指在汽车制造厂大批量生产的原型车的基础上，结合造型设计理念、运用先进的工艺及成熟的配件与技术，对汽车的实用性、功能性、欣赏性进行改进、提升和美化，并使之符合汽车全面技术标准，最终满足人们对汽车这种特殊商品的多元化、多用途、多角度的需求。

本书适用范围广、通俗易懂，不是只针对一种或几种车型进行讲解和说明，而是以改装理论为基础，结合改装实例，深入浅出地阐述改装的过程和需要注意的问题，对改装前和改装后可能遇到的问题都有说明，可操作性强。本书作为一本系统的、理论联系实际的汽车改装专业教材会给读者带来有用的借鉴。

本书结合汽车专业的基础理论，并参考部分网络资源和国内外文献资料完成编写，书中部分图片也来自网络，在此，向所参考文献的作者致以诚挚的谢意。

由于本书涉及面较广，涉及的技术、方法、理论等日新月异，加之编者水平有限，书中难免存在不妥和疏漏之处，敬请读者批评指正。

编　者

2019 年 6 月于江苏常熟

目　录

第一章 汽车改装基础知识

1.1 汽车改装的基本概念

汽车改装是指为了满足某种特殊的使用要求，在整车制造厂原型汽车的基础上，进行一系列技术改造，即"改变"了汽车出厂时的原型"装备"。或者说，汽车改装是在汽车制造厂大批量生产的原型车基础上，结合造型设计理念，运用先进的工艺及成熟的配件与技术，对汽车的实用性、功能性、欣赏性进行改进、提升与美化，使之符合汽车全面技术标准，满足人们对汽车这种特殊商品的多元化、多用途、多角度的需求。汽车改装的主要内容有加装、换装、选装、强化、升级、装饰美容等。

1.2 汽车改装历史与发展

1.2.1 汽车改装的起源

汽车改装源于赛车运动。参加各种竞技及赛事的车辆必须按照严格的标准改装后才能进入赛场。汽车改装的主要目的是：① 增加车辆安全性，在撞击、翻滚、失火等事故中保护赛车手的人身安全；② 提高比赛能力，如加速性能、转弯稳定性能、刹车性能、通过性能、操控精准性能等；③ 减少自重及风阻系数，获得最佳的动力性能。

汽车改装在汽车竞技比赛中是必不可少且十分重要的环节，在某种程度上，汽车赛事也是一场汽车改装技术水平的较量。赛车改装最大可能地强化并提升了车辆的性能。随着汽车工业的发展以及赛车运动的深入人心，汽车改装作为一种汽车文化得到了广泛传播，也成为普通消费者汽车生活中的组成部分，并渐渐成为一种时尚。在美国、德国、日本等汽车工业发达国家，汽车改装产业化日趋成熟，每个汽车厂家都有配套的改装配件及技术，以满足车主更多精细化的需要。近年来，针对汽车动力、外观、电气设备、车身、悬架等进行的改装也在我国出现，并初步形成了相对独立的市场体系。以体现性格张扬、追求驾驶乐趣、增强车辆安全、突出个性外观、延伸实用需求为目的的汽车改装产品、技术及服务，在上海、北京、广州等大城市迅速发展起来。

1.2.2 国内外汽车改装发展现状

1. 知名改装品牌

汽车改装在国外一直很流行，世界各大著名汽车厂商都有相应的专业改装厂和改装品牌。奔驰改装品牌有 AMG、D2、Brabus 和 Carlsson 等；宝马改装品牌有 M-Power、AC Schnitzer、哈曼等；大众改装品牌有 ABT、MTM 等；本田改装品牌有 HRC(本田赛车公司)、Mugen；丰田改装品牌有 TMD 和 TRD；富士改装品牌有 STI 和 TEIN；尼桑改装品牌有 NISMO；三菱改装品牌有 RALLIART 等。个性化改装已形成了独特的汽车文化，并成为汽车相关产业链中的一个重要组成部分。

1) AMG

AMG——性能达人：最擅长引擎设计和改装。与 Brabus 等改装品牌更换更大马力的发动机和更换豪华配件的做法不同的是，AMG 擅长对原有动力系统加以改进，巧妙利用发动机最后一分动力。例如，更换锻造的活塞连杆，采用高性能的电喷装置，适当加大气缸容积，并通过高性能的涡轮增压器提升发动机功率。AMG 的改装一般侧重空气动力性能的外形修改和操作性能提升，在保证原有的安全性和舒适性的基础上，使车开起来更有运动感。图 1-1 为经典的 SLS-AMG 海鸥翼，图 1-2 为 2014 年最佳改装品牌。

图 1-1　经典的 SLS-AMG 海鸥翼

图 1-2　2014 年最佳改装品牌

2) 博速(Brabus)

与众不同的是，奔驰也仅是 Brabus 改装的汽车品牌之一，Brabus 的改装还包括通用、保时捷等。此外，Brabus 还是奔驰 Smart 唯一授权的改装厂。Brabus 的改装不是简单地提升原车性能和动力，而是不惜工本的改装，风格上更侧重商务风和豪华风。

3) 劳伦士(Lorinser)

Lorinser——精装绅士：以对车身进行重新设计从而获得最完美的车身结构和美学感受而著称，使被改装车辆更具豪华的张力。早在二战前的 1935 年，Lorinser 就在德国斯图加特成立了，比 AMG、Brabus 的创立时间还要早，可以说是改装业的"老师傅"了。AMG 和 Brabus 的主要改装项目注重动力方面的提升，而 Lorinser 的主攻对象，就是奔驰的内装外饰及悬挂和制动系统。还有一点与 AMG 和 Brabus 不同的是，Lorinser 的产品享有奔驰全球服务网络的维修与检测等服务，而且售后服务的水准也达到世界最高的标准。

4) 凯森(Carlsson)

1989 年起 Carlsson 专营奔驰汽车改装，高雅的设计、强大的引擎是 Carlsson 所追求的至高目标。Carlsson 的实力在于引擎、悬架和刹车制动系统的测试与研制，改型、改装方面多是在原车基础上加入赛车风范的扰流板、轮毂、侧裙，提升性能的同时兼顾其运动风格。

5) M 部门(M-Power)

严格意义上讲，M-Power 无法称之为品牌，它仅作为宝马集团内部的一个专门机构存在。其追求的是比宝马更为极致的理念——设计、生产和服务于高性能的、具有赛车特点、在驾驶乐趣上毫不妥协、具有最高技术水平、强劲的动力和出色的操控性的高性能公路赛车。M-Power 在外形上不追求别具一格，而是注重提升车型的马力、驾驶操控性能和驾驶乐趣。

6) 亚琛施耐泽(AC Schnitzer)

AC Schnitzer 是由两个最大宝马经销商 Kohl Automobile Gmbh 和 Schnitzer 赛车集团组建的改装厂。AC Schnitzer 的特点可用一句话概括，即"比宝马更懂宝马"。其独特的外饰套件特立独行又不失华丽。新的前低位进气格栅、侧裙、后唇以及车尾贴片式导流尾翼，赋予宝马更高冷的气质，这些线条锐利的车身套件并非徒有其表，经严格的计算和试验后生产的空气动力套件可以赋予车辆充足的下压力，使高速行驶下的 BMW 更具稳定性和操控魅力。

7) 哈曼(Hamann Motorsport GmbH)

比之宝马其他改装厂，Hamann 有两点特殊性。其一，首先它是赛车公司，其次才是改装公司。创始人 Hamann 先生从为宝马车队效力的 700 场各个级别比赛经验中汲取改装灵感，并亲自设计运用到宝马系列的改装车上，造就了其与众不同的赛车化风范。其二，Hamann 的实力不仅限于宝马改装，奔驰、法拉利、保时捷、迈凯轮、兰博基尼、路虎、劳斯莱斯、宾利、阿斯顿·马丁、玛莎拉蒂这些耳熟能详的品牌，亦是其操刀的对象。

8) Hartge

Hartge 的创始人 Herbert Hartge 年轻时曾为赛车手。Hartge 不遗余力地将赛车外观、性能移植到宝马改装上。Hartge 的风格是对宝马发动机进行大马力提升，型号包括 3 系 2.1 L 发动机，为 3 系、Z3、Z4、X5、7 系、8 系改装用的 5.0 L 发动机等。

9) Alpina

Alpina 车型的改装特点为 20 辐车轮、Alpina Blue 金属车漆以及奢华的内饰材料等。相比于宝马 M-Power，Alpina 的车型更重舒适性、豪华性和更高的扭矩输出以及实际赛道车速，并且只使用自动变速箱。

10) G-Power

G-Power 是德国最为古老的改装车商，虽然改装理念一致，名字也只跟 M-Power 差一个字母，但它并不隶属于宝马。G-Power 的改装特色是利用其丰富的赛道经验，疯狂提升宝马车系的动力性能。G-Power 为宝马车系设计悬挂程序，大大改善了原来汽车的空气动力多个方面的数值。随着 g 悬挂程序逐步完善，低重量和高寿命改装备件也被广泛应用于宝马 1 系、3 系、5 系、6 系、7 系、Z 系和 X 系系列上。G-Power 在对机械增压的改进上是独一无二的。

11) ABT Sportsline

作为大众集团改装第一大厂，拥有超过 50 年赛车历史的 ABT Sportsline 深信赛道就是最佳的汽车测试中心。ABT 的改装风格可以简单描述为兼容并包，表现为：其一，ABT 的产品种类由内而外，巨细无遗。无论是提升引擎动力的各类组件，改变车身外观的空气套件及各式轮毂，增加车辆主动安全性的悬挂系统、刹车等套件，车辆内外各种改装产品，以及琳琅满目的竞技用品，乃至于制作精美的各类精品，只要车主喜欢，ABT 几乎无所不备，无所不改。其二，ABT 的改装产品几乎涵盖了大众集团所有车种，并不仅仅只有奥迪车系，还包括了斯柯达、大众甚至保时捷。

12) MTM

MTM 的全称为 Motoren Technik Mayer，是世界上最好的奥迪改装公司之一。无论你选择的是哪款奥迪车辆，这家巴伐利亚的公司总有办法改进它。MTM 的产品范围覆盖了奥迪、西雅特、斯柯达、大众、法拉利、兰博基尼、保时捷和宾利等汽车品牌。相对于 ABT 兼容并包的"温顺"，MTM 则相对"暴力"。以早期推出的双引擎 TT Bimoto 为例，840 hp(hp 为英制马力，1 hp = 735.499 W)的最大马力，371 km/h 的极速，让 MTM 一举成名。尽管马力性能如此"暴力"，但 MTM 在外观上却并不张扬，主要的套件更改都是以性能提升为目标，真可谓实力派的低调野兽。

13) Oettinger Aotingge

被称为改装老字号的 Oettinger，也是精于奥迪、大众改装的专业厂商，但 Oettinger 并不针对每一款车型，主要是以提供后市场改装套件为主，产品系列包含发动机提升、典雅风格的空气动力包围套件、高品质的铝合金轮毂、运动性兼具舒适性的悬挂、运动性排气系统、皮革内饰提升及多媒体设备方案。Oettinger 的理念是：通过各个部件之间的配合来达到一种平衡，在不破坏原厂设计师开发理念的情况下，发挥出汽车的潜在能力，让汽车表现得更加完美。

14) R 部门(VW R GmbH)

对于 R 部门，需要注意车身后 R 标志(R-Line 和 R-Series)的区别：R-Seires 以车型为主，而 R-Line 则是运动风格的套件配置。R-Line 的改动只涉及外观和内饰，而对于动力和其他机械性能的改进则由 R-Serises 执行，空气套件、轮圈、内饰、排气等方面都是 R-Line 车型的重要标记，而且这些均为出厂时便拥有的配置。与 M-Power 类似的是，R 部门对于大众车系的改装，也是以提升动力性能和操控的稳定性、灵敏性为主。最为著名的 R 系车当属无敌小钢炮尚酷 R。

15) 泰卡特(Techart)

Techart 的改装宗旨为将技术和艺术相结合。其所提倡的个性化指将车主独特的个性反映在他们的爱车上。Techart 对于保时捷的个性化升级是全系列的：动态的流线型车身、强劲的外观造型给人以强烈的视觉冲击，同时也有更多的外观套件可供选择以满足不同客户的追求；另外，制动系统、悬架系统、引擎、排气系统以及内饰等方面都做了不同程度的提升和改进，从而提高原装车的动力性、舒适性和安全性。

16) Mansory (Mansory Cooperation GmbH)

公司创始人 Kourosh Mansory 在英国工作期间积累了 20 多年的改装经验，服务理念是为英伦轿车发烧友提供从内到外高质感装饰、空气动力学套件到动力的改造和升级，不同于德系改装车的大刀阔斧，他们在保持原车优雅风度的同时，通过匠心独具的选材和设计使英伦车霸气十足。Mansory 的作品往往不会太过于注重动力性能方面的巨幅提升，最大的特色就是碳纤维车身，全新的碳纤维空力套件、名贵的选材及精湛的内装，与之相应的是高出原车两倍以上的价格。

17) Shelby

Shelby 是由美国传奇人物 Carrol Shelby 成立的改装公司。其改装风格简单概括为降低车重，搭载自己改装的发动机，强化变速箱、悬架和制动系统，外形上加入夸张的导管和车身组件，鲜亮的车身颜色和独特的双条纹涂装等；另外，独特的带有进气格栅的引擎盖也是其特色之一。

18) TRD

TRD(丰田赛车运动发展部)为丰田独资的改装公司(类似宝马 M 部门)，相应的改装配件种类非常繁多，范围包括高性能减震器、涡轮增压器和高强度轻量化轮毂等，负责对丰田、雷克萨斯、Scion 品牌汽车进行性能的改装提升。TRD 主要分为两大板块：TRD 日本和 TRD 北美。TRD 日本主要专注于日本国内的赛事，包括 Super GT Series(JGTC)、全日本 F3 冠军赛、ESSO 丰田方程式和 Netz 杯等。TRD 北美分部则负责越野锦标赛(CORR)、NASCAR 大赛、Drag 拉力、Baja100 和 Indy 等赛事。TRD 作为支撑丰田 SUPER G7 赛事的首要部门，其研发能力和技术能力必然是首屈一指的，所以其改装风格即以丰田车系为基础的赛车向动力、性能以及空气动力套件的改装。

19) TMG(Toyota Motorsport GmbH)

TMG 与 TRD 的区别是，前者主要倾向于赛车研发、欧洲市场和整车研发工作，而后者则侧重于整体套件升级、北美及日本市场的开发。所以，就目前而言 TMG 的升级零件比起 TRD 而言少得可怜，也没有大规模生产改装部件，相信在未来 TMG 有可能推出更多超越 TRD 的高性能配件。TMG 未来的工作主要负责生产和开发丰田品牌、雷克萨斯等旗下品牌车型的高性能版本。

20) 无限(Mugen Motorsports)

Mugen Motorsports 由本田宗一郎的长子本田博俊于 1973 年所创。Mugen 在性能改装方面与赛车运动方面的无限追求，破除限制、追求更好更强的精神广为赛车爱好者称颂。其改装风格往往先以引擎改装为切入点，对动力的不懈追求和改进，正是其领先于其他改装厂的独家特色。此外，Mugen 不断提升赛车性能，在赛车轮圈研制上也逐渐处于业内领先水平。

21) Spoon Sports

Spoon Sports 于 1988 年 1 月成立于东京，只为本田旗下的讴歌品牌提供改装服务，包括 S2000、思域、Integra、雅阁、飞度、CR-X 以及全新 CR-Z。Spoon Sports 的强项是 ECU 以及排气系统改装，以及一系列外观改装方案，如大包围碳纤盖之类的改装。与其他改装厂红色或黄色的刹车卡钳不同的是，Spoon 采用极具个性的蓝色刹车卡钳。

22) 日产(NISMO)

NISMO 全称为日产国际汽车运动部(Nissan International Motorsport)，成立于 1984 年，它是通过整合日产赛车运动部门而成立的一家新的公司，旨在提高和扩大日产汽车的服务范围，满足全球日产车主的特别需要。NISMO 开发的部件包括了避震弹簧、轮圈、风格、凸轮轴、高性能排气管和换挡手柄、车身套件、驾驶零件和体现个性的辅助部件等。NISMO 除参加日本国内如日本当地的超级 GT 锦标赛、D1 漂移大赛等各项顶级赛事外，同样也参加诸如达卡尔拉力赛、勒芒 24 小时耐力赛等全球顶尖的赛事。

23) Autech Japan

Autech Japan 是一家与日产颇有渊源的改装厂，其改装专门针对日产的量产车进行改造和销售。它跟 Nismo 的区别在于，后者属于日产的高性能部门并销售日产的纯种赛车供民间车队购买参赛(例如赛车版 GT-R 或者 CR-Z 只能通过 NISMO 购买)，而 Autech 则是日产的专营民用量产改装车的附属机构，性能方面仅作轻度强化，主要改装范畴还是集中在外观上。

24) 斯巴鲁(STI)

STI(Subaru Tecnica International)成立于 1988 年 4 月。STI 隶属于日本富士重工责任有限公司(Fuji Heavy Industries Ltd，FHI)，是负责支援斯巴鲁(Subaru)全球汽车赛事的子公司，主要负责 WRC 赛事。斯巴鲁 WRX 的比赛专用发动机全部由 STI 组装及调校，然后再运送到其位于英国的赛车总部 SWRT 进行装配。

2. 知名改装赛事

1) 方程式系列赛

(1) F1：世界一级方程式锦标赛，简称 F1，是由国际汽车运动联合会(FIA)举办的最高等级的年度系列场地赛车比赛，是当今世界最高水平的赛车比赛，亦是目前世界上运营最成功的汽车赛事，年收视率超过 600 亿人次。

(2) F3000：仅次于 F1 的高规格方程式比赛，目前世界上运营的 F3000 系列赛仅剩日本超级方程式锦标赛。

(3) F3：三级方程式赛车，简称 F3，是年轻车手进入 F1 的必经阶段，几乎全部的 F1 车手都是从这里走向世界。目前国内外仍在运营的 F3 系列赛有：FIA 欧洲 F3 锦标赛、日本 F3 锦标赛、澳洲 F3 锦标赛、巴西 F3 锦标赛、欧洲 F3 公开赛、英国 F3 锦标赛。

方程式汽车比赛的项目如表 1-1 所示。

表 1-1　方程式汽车比赛项目

名　称	级　别	地　区
GP2	F3000	欧洲
Auto GP	F3000	欧洲
GP3	F3000 与 F3 之间	欧洲
亚洲雷诺方程式	F3	亚洲
青年冠军方程式	F3	亚洲
印地方程式	轻量级	北美
美国 F4 锦标赛	F4	美国
CFGP	F4	中国
LGB 雨燕方程式	入门级	印度

2) 其他方程式比赛

(1) 电动车方程式：当今世界最高级别的电动方程式赛事。

(2) 印地方程式：北美地区最高规格和最具影响力的方程式比赛。

(3) 大学生方程式：仅面向在校学生。

3) 跑车赛事

(1) 跑车系列赛事：具体赛事项目如表 1-2 所示。

表 1-2　跑车系列赛事

名　称	地　区
日本超级 GT 系列赛	日本
欧洲 GT4 系列赛	欧洲
FIA 欧洲 GT3 锦标赛	欧洲
国际 GT 公开赛	国际
ADAC GT 大师赛	德国
意大利 GT 锦标赛	意大利
亚洲 GT 系列赛	亚洲
澳洲 GT 锦标赛	澳洲
法国 GT 锦标赛	法国
英国 GT 锦标赛	英国
倍耐力全球挑战赛	北美
WeatherTech 跑车锦标赛	美国
全美跑车系列赛	美国
V8 跑车赛	澳洲/新西兰

(2) 单一品牌赛事：法拉利亚太挑战赛、兰博基尼亚洲挑战赛、玛莎拉蒂挑战赛、亚洲保时捷卡雷拉杯。

4) 耐力赛

(1) 世界耐力锦标赛。世界耐力锦标赛(WEC)包含斯帕 6 小时耐力赛、纽博格林 6 小时耐力赛、富士 6 小时耐力赛、上海 6 小时耐力赛、墨西哥城 6 小时耐力赛、巴林 6 小时耐力赛、银石 6 小时耐力赛、奥斯汀 6 小时耐力赛以及极具盛名的勒芒 24 小时耐力赛。

(2) 其他耐力赛事：① 勒芒系列，包括勒芒各洲系列赛，如亚洲勒芒、欧洲勒芒、美洲勒芒系列赛以及规格更高的勒芒洲际杯。② 各赛道组织的耐力赛，如纽博格林 24 小时耐力赛、斯帕 24 小时耐力赛、银石 12 小时耐力赛、GIC 风云站 3 小时耐力赛等。

5) 房车系列赛

房车系列赛包括世界房车锦标赛(WTCC)、德国房车大师赛(DTM)、中国房车锦标赛(CTCC)、香港房车锦标赛(HTCC)、英国房车锦标赛(BTCC)、加拿大房车锦标赛(CTCC)、欧洲房车锦标赛(ETCC)、房车国际系列赛(TCR)。

6) 其他房车比赛

其他房车比赛主要包含单一品牌赛事，如尚酷 R 杯、福特福克斯 ST 杯、雷诺克利欧杯以及椭圆赛道比赛等，其中最具盛名的是北美地区的纳斯卡比赛。

7) 拉力赛

拉力赛包括世界拉力锦标赛(WRC)、达喀尔拉力赛(DAKAR)、中国拉力锦标赛(CRC)、澳洲拉力锦标赛(ARC)、加拿大拉力锦标赛(CRC)、美国拉力锦标赛(ARC)、安德罗斯冰雪拉力锦标赛。

8) 越野赛

越野赛包括世界越野锦标赛(WRX)、中国越野拉力赛(CGR)、中国场地越野赛(COC)。另外大部分爬山赛亦属于越野赛事，目前较为著名的有欧洲爬山锦标赛和美国的派克峰国际登山赛。

9) 卡丁车比赛

(1) KF1：卡丁车比赛里面的最高级别，面向 15 岁以上的顶级车手。其主要比赛有欧洲卡丁锦标赛等。

(2) KF2：面向 15 岁以上的车手，略低于 KF1 的卡丁车赛事。世界卡丁车锦标赛自 2010 年由 KF1 降为 KF2 级别。

(3) KF3：面向 12～15 岁的车手，发动机动力输出等低于 KF2 级别。

(4) KZ1：面向大于 15 岁的车手，过去被称为 Formula C，2007 年之后由原先的 super ICC 变化而来。

(5) KZ2：基本规则同 KZ1 类似，但是只能使用手动变速箱，中性轮胎(KZ1 可使用软胎)，过去被称为 ICC。

(6) 超级卡丁车：分为较多的组别，最大允许使用 250CC 的发动机，主要有英国超级卡丁车锦标赛和澳洲超级卡丁车锦标赛等。

3. 改装的分类

我国的汽车改装厂家多达数百家，他们的厂名多数为改装汽车厂，也有一些称为专用汽车厂，还有少数称为特种汽车厂。

1) 普通汽车改装

普通汽车改装是从生产方式出发，以通用型的载货汽车底盘为基础，做些少量又必要的改动，再加装上车部分，组装出具有专用功能的汽车。"改装"一词是指生产方式是改装。

2) 特种车改装

特种车是从汽车自身结构特点出发，相对于普通载货汽车底盘的传统结构形式而言，其底盘及整车的结构都是专门设计的，相当特殊，很少使用通用型总成部件的车型。绝大多数这类车型称为专用汽车比较合理，"特种汽车"应仅限于沙漠汽车、水陆两用汽车、地质勘探汽车、竞赛汽车等几种。

3) 专用车改装

专用车是从汽车使用功能出发，相对于普通载货汽车来说具有专门的使用功能的一类汽车。如自卸汽车、牵引汽车、厢式车、罐式车等等，都是具有专一使用功能的专用汽车。专用车狭义上主要包括各种类型的运输汽车，从广义上讲则可以包括除小客车、皮卡车以外的所有车种。

4. 零部件改装

1) 外观

车身外观的改装一直占有相当重要的地位，改变车身外观最迅速、最简便的方式就是加装空气动力套件。所谓空气动力套件就是俗称的大包，基本上包含了进气格栅、车侧扰流板(侧裙)、后包围以及后扰板流(尾翼)等，有时我们也会看到在原厂保险杠上加装一片下扰流板，一般称之为下巴；若是没有更换前后保险的杠，只是加装下巴，也称其为小包。加装空气动力套件除了可使车辆更具可看性、更具运动气息外，最重要的是有良好的性能改善效果。加装空气动力套件并不会使车辆跑得更快，严格地说，好的套件通常会降低车速，能够使车有更稳定的表现。一般的外观改装主要包括贴纸、车身彩绘、车标、前后杠、大包围、高尾翼、开孔发动机盖、窗边晴雨挡、HID 氙气大灯、前大灯装饰板、前后透视镜、降低车身等。

2) 引擎

引擎是汽车的心脏，是全车最重要的部分。引擎改装起来也是最麻烦的，对其最主要的改装就是提高它的输出功率，改装方式有加大缸径、提高压缩比、加多气门、自然吸气改为涡轮增压等，但是必须注意的一点，改装引擎是相当危险的，一不小心引擎就会损坏，甚至有可能引发严重的安全事故。

3) 进气系统

发动机的工作需要大量空气，空气进入发动机首先要经过空气滤清器，这是进气系统最重要的组成部分，大部分原厂配置的都是一次性纸质滤清器。改装用的产品由特殊的化学纤维制成，其最大优点是在滤净空气的同时使进入燃烧室的空气流量、流速提高 30% 以上，从而令燃油燃烧的更充分、单位效率更高，引擎的表现自然不俗。

4) 点火系统

点火系统是发动机工作的另一要素，由火花塞和点火线共同构成，原有配置多为单组线束，在电压、电流的通过性和通过量上均不尽如人意。改装用火线的多组线束和高性能导电特质使点火线圈产生的高压电能大量、及时地传导给火花塞。火花塞是点火系统的末端组，利用电极产生的火星点燃混合后的油气，完成燃烧，推动活塞工作。原厂的配置和火线一样，都是为降低成本而做的最低配置。车主如果更换火花线和火花塞，则会使汽车油门变硬、起步迅捷、加速凌厉。

5) 排气系统

排气效能的好坏直接关系到引擎效能的优劣。在进气增加、燃烧完好的同时，排气效率也需加强，高性能的排气管和消音器是追求动力的车主的目标。

6) 制动系统

制动系统的结构设计比较简单，但改装的工作量较大。想要提升制动性能，最快、最直接的方法就是换高性能刹车片。此外，想升级刹车系统还可以换高等级刹车油；或者换装金属材质的高压刹车油管；再者就是使用规格更大的刹车倍力器以提高刹车踏板的辅助动力。

7) 底盘悬架

对行车操控的最大影响因素就是汽车的底盘悬挂系统，原厂的设计一般以大众消费者能接受为目标。底盘悬挂系统的改装可分为避震器换装、悬挂结构杆强化、车身刚性加强等部分。影响最大也是最多人改装的项目是避震器。市面上的避震器类型有原厂加强型、原厂加强车身高度可调型、专业高运动型、竞赛专用型等。车主应该根据自己的驾驶习惯和需求来选择避震器。

8) 供油系统

(1) 调压阀。调压阀是在多点喷射油路系统中的压力调整器，它负责对喷油嘴提供一固定的压力，压力越大，相同的喷射时间喷出的汽油量越多。调压阀是装置在压力调整器之后的回油管，经由调整可将喷油嘴的喷油压力提高(一般约可提高 20%)，进而达到在不改变供油模式的情况下增加喷油量(约可增加 5%～10%)。加装调压阀可以说是供油系统的改装中花费最少的，其安装也相当容易，只不过在调整压力时，需借助汽油压力表才能量测调出的压力。事实上，对换排气管、改进气装置等这类小幅改装，通常用加装调压阀来弥补其高转速时喷油量不足的问题，效果明显而且经济。在此给大家普及一个小常识，若你的车在静止起步油门踩下的瞬间出现短暂的爆震现象，装个调压阀也许就可以改善。

(2) 喷油嘴。喷油嘴的大小决定了单位时间的喷油量，改用口径较大的喷油嘴是提高喷油量最直接的方法，要换到多大则需视引擎的改装程度而定。改喷油嘴最大的困难是要找到相匹配的喷油嘴，通常同车系或同系列引擎的喷油嘴才可兼容，最常见的就是喜美可换用雅哥的喷油嘴，可增加约 25%的喷油量。改调喷油嘴所获得喷油量的增加是全面性的，也就是从低转速到高转速喷油量都会增加，这可能会造成中、低转速时的供油量过大，导致耗油量增加和运转不顺。通常"动过大手术"的引擎才会需要大幅增加供油量，一般车主通常所需要的是高转速和重负荷时适度增加喷油量，这就有赖软件的改装才能达成。但引擎大幅改装后，高转速时所需的喷油时间比引擎运转一个行程的进气时间还长，造成喷油嘴持续地喷油都无法提供足够的油量，这时加大喷油嘴已是必然的选择。

(3) 供油电脑芯片。车厂在设计引擎时便已将原先设定好的供油程序固化在 ROM 上，这个程序通常是油耗、污染、运转平顺度等条件协调下的产物，而且是不可变动的。因其不可变动，所以若想改变供油程序就必须换用另一块 ROM。通常专业改装厂都会供应多种车型的改装用电脑芯片，改装时要先把原电脑的芯片取下(通常原厂供油电脑的 ROM 都直接焊在电路板上)，焊上一个 IC 座(如此一来方可方便日后再更换)，再插上改装用的芯片。如此所得的供油程序仍是固定的，它只是对原车的程序做修正，其中很重要的一项是可将补偿喷射程序中的断油控制时间延后甚至取消,不再有断油的限制。要注意的是每种改装用芯片都有它设定的适用条件(也就是改装的程度),改装时必须选用和需要改装的车状况相近的芯片,才能得到最佳的效果,否则可能适得其反。芯片的选用最好寻求经验丰富的改装厂进行咨询。

(4) 可变程序供油电脑。可变程序供油电脑是供油系统改装中最贵也是最有效的一项,就是 HALTEC 电脑。通过这个电脑车主可依照爱车引擎的改装程度,配合空燃比计的测量,设定出最佳的供油程序,前文所提到的基本喷射程序以及各个补偿喷射程序都可利用外接手提电脑任意更改。它与改芯片最大的不同,也是它最大的优点即日后引擎再作更改、改装时,若出现的原有供油程序不合用情况,可经由程序的修正立刻得到解决。改装可变程序电脑后,原车的供油电脑便可废弃不用,但较高等级的电脑能将原车的所有感应器功能悉数保留,也就是说各种供油补偿程序都可正常运作,也可更改,不因获得高性能而将运转顺畅度与实用性牺牲。改装可变程序供油电脑的最大困难并不在于安装,而是供油程序的设定与最佳化修正,这往往需要借助经验和仪器,经过不断地测试才能完成。

9) 轮胎

汽车强大的动力、灵敏的刹车,最终还是要靠轮胎的抓地能力来实现的,而更加专业的职业比赛车,场地比赛是干燥路面或湿滑路面都要选择不同的轮胎,越野比赛更是对轮胎有更高要求。

10) ECU 系统

汽车在出厂的时候考虑到车子要卖到世界各地,适应各种不同的环境和油品质量,所以原装 ECU 内的程序是一个符合众多条件的最佳选择,但也因此导致至少还有 30%~40%的性能是被封存的(特别是以安全闻名的欧洲车)。特别是在针对 turbo 车的 ECU 升级上能达到意想不到的动力提升效果。

11) 音响

(1) 车门的隔音。在汽车内听音乐与在家里欣赏音乐有一个最大的不同,就是车在快速移动,为了达到更好的效果,对音响器材也提出了更高的要求。同时车辆高速行驶时,风噪、胎噪及机械噪声都会对音响系统产生干扰。因此就需要对车辆进行改造,一般是选择对车门进行制震和隔音。车门隔音还能对喇叭形成箱体,这样喇叭的声音就会聚集起来,使得喇叭播放出来的音乐更加真实,不会出现失真。一般采用柔软的发泡海绵来密封门腔,效果最好的是用专业的制震板,但是制震板的成本比发泡海绵要高很多。

(2) 扬声器的位置。汽车音响改装时,高、中、低音的扬声器也要各自独立,如果安装在一起只会互相干扰。如改装奥迪 A6 音响时,将高音喇叭安装在 A 柱两侧,中音喇叭安装在前车门中部靠前的位置,而中低音喇叭安装在前车门的底端。这样安装喇叭有利于中高音间的衔接,形成音场的准确定位、而且这样改装没有破坏原车部件,随时可以分拆下来。

(3) 音箱的布局。不少车主改装时选择将音箱藏匿起来,采用内置式的音箱,这样可以节省空间,是非常实用的选择。同时还可以选择外形不规则的音箱,这样可以最大限度地利用空间,而且不规则的外形有利于消除音波之间的干扰。

1.2.3　汽车改装材料基础

1. 汽车用金属材料

1) 碳素钢

碳素钢是近代工业中使用最早、用量最大的基本材料。世界各工业国家，在努力增加低合金高强度钢和合金钢产量的同时，也非常注意改进碳素钢质量，扩大品种和使用范围。目前碳素钢的产量在各国钢总产量中的比重约保持在 80% 左右，它不仅广泛应用于建筑、桥梁、铁道、车辆、船舶和各种机械制造工业，而且在近代的石油化学工业、海洋开发等方面也得到大量使用。

碳素钢按化学成分(即以含碳量)可分为低碳钢、中碳钢和高碳钢。低碳钢又称软钢，含碳量 0.10%～0.25%，低碳钢易于接受各种加工，如锻造、焊接和切削，常用于制造链条、铆钉、螺栓、轴等。中碳钢，含碳量 0.25%～0.60%，除碳外还可含有少量锰(0.70%～1.20%)。中碳钢有镇静钢、半镇静钢、沸腾钢等多种产品。按产品质量分为普通碳素结构钢和优质碳素结构钢。中碳钢热加工及切削性能良好。强度、硬度比低碳钢高，但焊接性能较差，塑性和韧性低于低碳钢。可不经热处理，直接使用热轧材、冷拉材，亦可经热处理后使用。淬火、回火后的中碳钢具有良好的综合力学性能，能够达到的最高硬度约为 HRC55(HB538)，σ_b 为 600～1100 MPa。因此在中等强度水平的各种用途中，中碳钢的应用最广泛，除作为建筑材料外，还被大量用于制造各种机械零件。高碳钢常称工具钢，含碳量 0.60%～1.70%，可以淬硬和回火。锤、撬棍等是由含碳量 0.75% 的钢制造；切削工具如钻头、丝攻、铰刀等由含碳量 0.90%～1.00% 的钢制造。

按钢的品质分类，可分为普通碳素钢和优质碳素钢。普通碳素结构钢又称普通碳素钢，对含碳量、性能范围以及磷、硫和其他残余元素含量的限制较宽。在中国根据交货的保证条件又分为三类：甲类钢(A 类钢)是保证力学性能的钢；乙类钢(B 类钢)是保证化学成分的钢；特类钢(C 类钢)是既保证力学性能又保证化学成分的钢，常用于制造较重要的结构件。中国目前生产和使用最多的是含碳量在 0.20% 左右的 A3 钢(甲类 3 号钢)，主要用于工程结构。优质碳素结构钢与普通碳素结构钢相比，硫、磷及其他非金属夹杂物的含量较低。根据含碳量和用途的不同，优质碳素结构钢大致又分为三类：低碳钢中含碳量低于 0.10% 的08F、08Al 等，由于具有很好的深冲性和焊接性而被广泛地用作深冲件，如汽车、制罐等；20G 则是制造普通锅炉的主要材料；此外，低碳钢也被广泛地用作渗碳钢，用于机械制造业。中碳钢多在调质状态下使用，用于制作机械制造工业的零件。高碳钢多用于制造弹簧、齿轮、轧辊等。根据含锰量的不同，又可分为普通含锰量(0.25%～0.8%)和较高含锰量(0.7%～1.0% 和 0.9%～1.2%)两钢组。锰能改善钢的淬透性，强化铁素体，提高钢的屈服强度、抗拉强度和耐磨性。通常在含锰高的钢的牌号后会附加标记"Mn"，如 15Mn、20Mn 以区别于正常含锰量的碳素钢。

按用途分类，可分为碳素结构钢、碳素工具钢。碳素结构钢，按照钢材屈服强度分为Q195、Q215、Q235、Q255、Q275 这 5 个牌号，每个牌号由于质量不同分为 A、B、C、D 4 个等级。碳素工具钢，含碳量在 0.65%～1.35%，经热处理后可获得高硬度和高耐磨性，主要用于制造各种工具、刃具、模具和量具。

2) 合金钢

合金钢的主要合金元素有硅、锰、铬、镍、钼、钨、钒、钛、铌、锆、钴、铝、铜、硼、稀土等。其中钒、钛、铌、锆等在钢中是强碳化物形成元素，只要有足够的碳，在适当条件下，就能形成各自的碳化物，当缺碳或在高温条件下，则以原子状态进入固溶体中；锰、铬、钨、钼为碳化物形成元素，其中一部分以原子状态进入固溶体中，另一部分形成置换式合金渗碳体；铝、铜、镍、钴、硅等是不形成碳化物元素，一般以原子状态存在于固溶体中。合金钢种类很多，通常按合金元素含量多少分为低合金钢(含量＜5%)、中合金钢(含量5%～10%)、高合金钢(含量＞10%)；按质量分为优质合金钢、特质合金钢；按特性和用途分为合金结构钢、不锈钢、耐酸钢、耐磨钢、耐热钢、合金工具钢、滚动轴承钢、合金弹簧钢和特殊性能钢(如软磁钢、永磁钢、无磁钢)等。

与碳素钢相比，合金钢的主要优点是：具有良好的淬透性，与碳素钢在相同的淬火条件下，它可以获得更深的淬硬层，并使大截面零件获得均匀一致的组织；在获得同样淬硬层的情况下，又可以采用冷却能力较低的淬火介质，减少零件的变形与开裂；具有良好的力学性能，它与同等含碳量的碳素钢在相同的热处理条件下相比，具有较高的强度和硬度，在同等硬度和强度条件下，又具有更好的塑性和韧性；具有耐磨、耐腐蚀、耐高温等特殊的物理、化学性能等。但是合金钢冶炼困难、生产成本高、价格昂贵，且焊接、热处理等工艺较为复杂。因此，为了符合节约原则，当碳素钢能满足要求时尽量选用碳素钢。

3) 铸铁

铸铁是碳含量大于2.11%的铁碳合金，铸铁中往往还含有硅、锰、硫、磷等元素。由于铸铁的生产设备和工艺简单、价格便宜，而且使用性能和工艺性能优良，铸铁现在仍然是工程上最常用的金属材料之一，被广泛应用在机械制造、冶金、矿山、石油化工、交通等部门。据统计，若按重量百分比计算，农业机械中铸铁件占40%～60%，汽车拖拉机中约占50%～70%，机床制造中约占60%～90%。特别是稀土镁球墨铸铁的发展更进一步打破了钢与铸铁之间的界限，很多过去使用钢制造的重要零件，如曲轴、连杆、齿轮等，如今也可以用球墨铸铁来制造，这不仅节约了大量优质钢材，而且减少了机械加工的工时，降低了产品的成本。

(1) 灰铸铁。灰铸铁是价格便宜、应用最广泛的铸铁材料。灰铸铁中的碳、硅质量分数一般控制在以下范围：碳(C)的质量分数为25%～40%，硅(Si)的质量分数为10%～20%。灰铸铁的热处理不能改变石墨的形态和分布，对提高灰口铸铁整体机械性能作用不大，因此生产中主要用来消除铸件内应力、改善切削加工性能和提高表面耐磨性等。

(2) 孕育铸铁。生产高强度的灰口铸铁时可以适当降低C、Si含量，同时采用孕育处理。孕育处理指在铸铁浇注之前向铁水中加入少量的孕育剂(或叫变质剂)。经孕育处理(亦称变质处理)后的灰铸铁叫做孕育铸铁。孕育的目的是使铁水内同时生成大量均匀分布的非自发核心，以获得细小均匀的石墨片，并细化基体组织，提高铸铁强度，避免铸件边缘及薄断面处出现白口组织，提高断面组织的均匀性。孕育铸铁具有较高的强度和硬度，可用来制造机械性能要求较高的铸件，如汽缸、曲轴、凸轮、机床床身等，尤其适合制造截面尺寸变化较大的铸件。

(3) 球墨铸铁。球墨铸铁的石墨呈球状，不但具有很高的强度，而且具有良好的塑性和韧性，其综合机械性能接近于钢。因其铸造性能好、成本低廉、生产方便，在工业中得到了广泛的应用。球墨铸铁具有较好的疲劳强度，可以用球墨铸铁代替钢来制造某些重要零件，如曲轴、连杆、凸轮轴等。

(4) 蠕墨铸铁。蠕墨铸铁是一种新型高强铸铁材料。它的强度接近于球墨铸铁，并且有一定的韧性和较高的耐磨性，同时又有和灰口铸铁一样良好的铸造性能和导热性。蠕墨铸铁是在一定成分的铁水中加入适量的蠕化剂而炼成的，其方法和程序与球墨铸铁基本相同。蠕墨铸铁已成功地用于高层建筑中的高压热交换器、内燃机汽缸和缸盖、汽缸套、钢锭模、液压阀等铸件。

(5) 可锻铸铁。可锻铸铁是由白口铸铁通过退火处理得到的一种高强铸铁。它有较高的强度、塑性和冲击韧性，可以部分代替碳钢。可锻铸铁常用来制造形状复杂、承受冲击和振动载荷的零件，如汽车拖拉机的后桥外壳、管接头、低压阀门等。有些零件用铸钢生产时，因铸造性不好，工艺上困难较大，而用灰口铸铁时，又存在性能不能满足要求的问题，采用可锻铸铁较为适宜。可锻铸铁与球墨铸铁相比，具有成本低、质量稳定、铁水处理简单、容易组织流水生产等优点，尤其对于薄壁件，选择可锻铸铁比较合适。

4) 有色金属

在工业生产中，通常将铁及其合金称为黑色金属，将其他的金属材料称为有色金属。有色金属及其合金与钢材相比有许多优良特性，如特殊的电、磁、热性能，耐腐蚀性能，高的比强度等。虽然有色金属的年消耗量仅占金属材料年消耗量的5%，但是任何工业部门都离不开它。

(1) 铝合金。铝中加入合金元素后，可获得铝合金，密度与纯铝相近。铝合金(强化后)的强度与低合金高强钢的强度相近，但比一般高强钢高得多。铝合金具有良好的加工性能，许多铝合金不仅可通过冷变形提高强度，而且可用热处理来大幅度地改善性能，可用于制造承受较大载荷的机器零件和构件。铝合金(退火状态)的塑性很好，可以冷成形，切削性能也很好。超高强铝合金成形后可通过热处理获得很高的强度，并且铸铝合金的铸造性能极好。由于上述优点，铝合金在电气工程、航空及宇航工业、一般机械和轻工业中都有广泛的用途。根据成分及工艺特点，铝合金分变形铝合金和铸造铝合金两类。

(2) 铜合金。铅可以改善切削加工性能，提高耐磨性，对强度影响不大，会略微降低塑性，可用于要求良好切削性能及耐磨性能的零件(如钟表零件等)，铸造铅黄铜可制作轴瓦和衬套。锡青铜的铸造收缩率很小，可铸造形状复杂的零件，但铸件易生成分散缩孔，密度降低，在高压下容易渗漏。锡青铜在大气、海水、淡水以及蒸汽中的抗蚀性比纯铜和黄铜好，但在盐酸、硫酸和氨水中的抗蚀性较差。锡青铜在造船、化工、机械、仪表等工业中被广泛应用，主要用于制造轴承、轴套等耐磨零件和弹簧等弹性元件，以及抗蚀、抗磁零件等。铝青铜的耐蚀性优良，在大气、海水、碳酸及大多数有机酸中的耐蚀性，均比黄铜和锡优良。

(3) 轴承合金。轴承是汽车、拖拉机、机床及其他机器中的重要部件。轴承合金是制造滑动轴承中的轴瓦及内衬的材料。轴承合金具有足够的强度和硬度，可以承受轴颈较大的单位压力；具有足够的塑性、韧性和高的疲劳强度，可以承受轴颈的周期性载荷，并抵抗冲击和振动；具有良好的磨合能力，可以与轴较快地紧密配合；具有高的耐磨性，不仅与轴的摩擦系数小，并且能保留润滑油、减轻磨损；具有良好的耐蚀性、导热性、较小的膨胀系数，可以防止摩擦升温而发生咬合。

常用的轴承合金有三种：① 锡基轴承合金：锡基轴承合金是一种软基体硬质点类型的轴承合金。常用的牌号是 ZChSnSb11-6(含 11%Sb 和 6%Cu，其余为 Sn)。锡基轴承合金的摩擦系数和膨胀系数小，塑性和导热性好，适于制作最重要的轴承，如汽轮机、发动机和压气机等大型机器的高速轴瓦。但锡基轴承合金的疲劳强度较低，许用温度也较低(不高于150℃)。② 铅基轴承合金：铅基轴承合金(铅基巴氏合金)也是一种软基体硬质点类型的轴承合金。铅锑系的铅基轴承合金应用很广，这种合金的铸造性能和耐磨性较好(但比锡基轴承合金低)，价格较便宜，可用于制造中、低载荷的轴瓦，例如汽车、拖拉机曲轴的轴承等。③ 铜基轴承合金：锡基、铅基轴承合金及不含锡的铅青铜的强度比较低，承受不了大的压力，使用时必须将其镶铸在钢的轴瓦上，形成一层薄而均匀的内衬，做成双金属轴承。含锡的铅青铜，由于锡溶于铜中使合金强化，获得高的强度，所以不必做成双金属，可直接做成轴承或轴套使用。

2. 汽车用非金属材料

据统计，人类使用的各种工程材料中，金属材料大约只占 20%。非金属材料资源丰富，价格较为低廉，又有了许多优良的机械、物理和化学性能，因此广泛地应用于工程技术领域，并且得到了惊人的发展。下面主要介绍高分子材料、陶瓷和复合材料。

1) 热塑性塑料

聚乙烯(PE)：聚乙烯由乙烯单体聚合而成。根据合成方法不同，可分为高压、中压和低压 3 种。聚乙烯在汽车上最重要的用途是制造汽油箱，也可制造挡泥板、转向盘、各种液体储罐以及衬板。

聚丙烯(PP)：聚丙烯由丙烯单体聚合而成。聚丙烯刚性大，其强度、硬度和弹性等机械性能均高于聚乙烯。聚丙烯的密度仅为 $0.90 \sim 0.91 \text{g/cm}^3$，是常用塑料中最轻的。聚丙烯的耐热性良好，使用温度可达 $100 \sim 110℃$。聚丙烯具有优良的电绝缘性能和耐蚀性能，在常温下能耐酸、碱。但聚丙烯的冲击韧性差，耐低温及抗老化性能也差。聚丙烯在汽车上主要用于通风采暖系统、发动机的某些配件以及外装件，如真空助推器、汽车转向盘、仪表板、前、后保险杠、加速踏板、蓄电池壳、空气滤清器、冷却风扇、风扇护罩、散热器格栅、转向机套管、分电器盖、灯壳、电线覆皮等。

聚苯乙烯(PS)：聚苯乙烯由苯乙烯单体聚合而成。聚苯乙烯刚度大、耐蚀性好、电绝缘性好，缺点是抗冲击性差、易脆裂、耐热性不高。聚苯乙烯可用以制造电子工业中的仪表零件、设备外壳，车辆上的各种仪表外壳、灯罩及电器零件，电工绝缘材料等。

ABS 塑料：ABS 塑料是丙烯腈、丁二烯和苯乙烯的 3 元共聚物。具有"硬、韧、刚"的特性，综合机械性能良好，同时尺寸稳定，容易电镀和易于成形，耐低温性较好，在-40℃的低温下仍有一定的机械强度。ABS 塑料近来在汽车零件上的应用发展很快，如作挡泥板、扶手、热空气调节导管、车轮罩、保险杠垫板、镜框、控制箱、手柄、开关喇叭盖、后端板、百叶窗、仪表板、控制板、收音机壳、杂物箱、暖风壳以及小轿车车身等。

聚酰胺(PA)：聚酰胺又称尼龙或锦纶，是由二元胺与二元酸缩合而成，或由氨基酸先脱水成内酰胺再聚合而得。尼龙具有突出的耐磨性和自润滑性能；良好的韧性，强度较高(因吸水不同而异)；耐蚀性好，如耐水、油、一般溶剂、许多化学药剂，抗霉、抗菌、无毒；成形性能也较好。在汽车上可用于制造燃油滤清器、空气滤清器、机油滤清器、正时齿轮、水泵壳、水泵叶轮、风扇、制动液罐、动力转向液罐、雨刷器齿轮、前大灯壳、百叶窗、轴承保持架、保险丝盒、速度表齿轮等。

氟塑料：氟塑料比其他塑料的优越性是耐高低温、耐腐蚀、耐老化和电绝缘性能很好，且吸水性和摩擦系数低。聚四氟乙烯俗称"塑料王"，具有非常优良的耐高、低温性能，缺点是强度低、冷流性强。氟塑料主要用于制作减摩密封零件、化工耐蚀零件、热交换器以及高频或潮湿条件下的绝缘材料。

聚甲基丙烯酸甲酯(PMMA)：俗称有机玻璃。有机玻璃的透明度比无机玻璃还高，透光率达 92%，密度也只有后者的一半，为 1.18 g/cm^3。有机玻璃的机械性能比普通玻璃高得多(与温度有关)，可用于制造仪表护罩、外壳、光学元件、透镜等。

2) 热固性塑料

酚醛塑料(PF)：由酚类和醛类在酸或碱催化剂作用下缩聚合成酚醛树脂，再加入添加剂而制得的高聚物。酚醛塑料优点是具有一定的机械强度和硬度、耐磨性好、绝缘性良好、耐热性较高、耐蚀性优良；缺点是性脆、不耐碱。酚醛塑料被广泛用于制作插头、开关、电话机、仪表盒、汽车刹车片、内燃机曲轴皮带轮、纺织机和仪表中的无声齿轮、化工用耐酸泵、日用用具等。

合成纤维：是以石油、天然气、煤和石灰石等为原料，经过提炼和化学反应合成高分子化合物，再经过熔融或溶解后纺丝制得的纤维，具有强度高、密度小、弹性好、耐磨、耐酸碱性好、不霉烂、不怕虫蛀等特点。合成纤维除用作衣料等生活用品外，还用于汽车、飞机轮胎帘子线、渔网、索桥、船缆、降落伞及绝缘布等。合成纤维主要有涤纶、锦纶、腈纶、维纶、丙纶和氯纶，通称为 6 大纶，其中最主要的是涤纶、锦纶和腈纶 3 个品种，它们的产品占合成纤维总产量的 90%以上。

橡胶：是一种具有极高弹性的高分子材料，其弹性变形量可达 100%～1000%，而且回弹性好、回弹速度快。同时，橡胶还有一定的耐磨性，很好的绝缘性和不透气、不透水性，是常用的弹性材料、密封材料、减震防震材料和传动材料。

胶黏剂：又称黏合剂或黏接剂，是一类通过黏附作用，使同质或异质材料连接在一起，并在胶接面上有一定强度的物质。

3) 陶瓷材料

传统意义上的陶瓷主要指陶器和瓷器，也包括玻璃、搪瓷、耐火材料、砖瓦等，这些材料都是用黏土、石灰石、长石、石英等天然硅酸盐类矿物制成的。因此，传统的陶瓷材料是指硅酸盐类材料。现今意义上的陶瓷材料已有了巨大变化，许多新型陶瓷已经远远超出了硅酸盐的范畴，不仅在性能上有了重大突破，在应用上也已渗透到各个领域。所以，一般认为，陶瓷材料是各种无机非金属材料的通称。

(1) 陶瓷材料的力学性能。陶瓷材料是工程材料中刚度最好、硬度最高的材料，其硬度大多在 1500 HV 以上。陶瓷的抗压强度较高，但抗拉强度较低，塑性和韧性较差。

(2) 陶瓷材料的热特性。陶瓷材料一般具有高的熔点(大多在 2000℃以上)，且在高温下具有极好的化学稳定性；陶瓷的导热性低于金属材料，因此，陶瓷是良好的隔热材料；陶瓷的线膨胀系数比金属低，当温度变化时，陶瓷具有良好的尺寸稳定性。

(3) 陶瓷材料的电特性。大多数陶瓷具有良好的电绝缘性，因此被大量用于制作各种电压(1 kV～110 kV)的绝缘器件。铁电陶瓷(钛酸钡 $BaTiO_3$)具有较高的介电常数，可用于制作电容器，铁电陶瓷在外电场的作用下，还能改变形状，将电能转换为机械能(具有压电材料的特性)，可用作扩音机、电唱机、超声波仪、声呐、医疗用声谱仪等。少数陶瓷还具有半导体的特性，可作整流器。

(4) 陶瓷材料的化学特性。陶瓷材料在高温下不易氧化，并对酸、碱、盐具有良好的抗腐蚀能力。

(5) 陶瓷材料的光学性能。陶瓷材料还有独特的光学性能，可用作固体激光器材料、光导纤维材料、光储存器等，透明陶瓷可用于高压钠灯管等。磁性陶瓷(铁氧体如：$MgFe_2O_4$、$CuFe_2O_4$、Fe_3O_4)在录音磁带、唱片、变压器铁芯、大型计算机记忆元件方面有着广泛的应用前途。

4) 复合材料

复合材料是指两种或两种以上的物理、化学性质不同的物质，经一定方法合成的一种新的多相固体材料。复合材料的最大特点是其性能比组成材料的性能优越得多，大大改善或克服了组成材料的弱点，可按零件的结构和受力要求进行最佳设计，甚至可创造单一材料不具备的双重或多重功能，或者在不同时间或条件下发挥不同的功能。

复合材料的力学性能：① 比强度和比模量。比强度、比模量是指材料的强度或模量与其密度之比。材料的比强度或比模量越高，构件的自重越小或者体积越小。高的比强度和比模量是复合材料突出的性能特点。② 抗疲劳性能和抗断裂性能。复合材料中的纤维缺陷少，因而本身抗疲劳能力高；基体的塑性和韧性好，能够消除或减少应力集中，不易产生微裂纹；基体中有大量细小纤维，较大载荷下部分纤维断裂时载荷由韧性好的基体重新分配到未断裂纤维上，构件不会因瞬间失去承载能力而断裂。

复合材料具有优越的耐高温性能，高温下可以保持很高的强度；具有良好的减摩性、耐磨性和较强的减振能力，其构件不易产生共振；具有高韧性和抗热冲击性能(金属基复合材料)；具有优良电绝缘性，不受电磁作用影响，不反射无线电波(玻璃纤维增强塑料)；具有耐辐射性、蠕变性能高以及特殊的光、电、磁等性能。

热固性玻璃钢，以热固性树脂为黏结剂的玻璃纤维增强材料，如酚醛树脂玻璃钢、环氧树脂玻璃钢、聚酯树脂玻璃钢和有机硅树脂玻璃钢等。热固性玻璃钢成形工艺简单、质量轻、比强度高、耐蚀性能好；缺点是：弹性模量低(1/5～1/10 结构钢)、耐热度低(≤250℃)、易老化。热固性玻璃钢主要用于机器护罩、车辆车身、绝缘抗磁仪表、耐蚀耐压容器和管道及各种形状复杂的机器构件和车辆配件。

热塑性玻璃钢，以热塑性树脂为黏接剂的玻璃纤维增强材料，如尼龙 66 玻璃钢、ABS玻璃钢、聚苯乙烯玻璃钢等。热塑性玻璃钢强度不如热固性玻璃钢，但成形性好、生产率高，且比强度不低。

碳纤维树脂复合材料，碳是六方结构的晶体(石墨)，共价键结合，比玻璃纤维强度更高，弹性模量也高几倍；高温、低温性能好；有很高的化学稳定性、导电性和低的摩擦系数，是很理想的增强剂；脆性大，与树脂的结合力不如玻璃纤维，表面氧化处理可改善其与基体的结合力。碳纤维环氧树脂、碳纤维酚醛树脂和碳纤维聚四氟乙烯等被广泛应用，如各种精密机器的齿轮、轴承以及活塞、密封圈、化工容器和零件等。

硼纤维树脂复合材料，抗压强度和剪切强度都很高(优于铝合金、钛合金)，且蠕变小、硬度和弹性模量高，疲劳强度很高，耐辐射及导热极好。硼纤维环氧树脂、硼纤维聚酰亚胺树脂等复合材料多用于航空航天器、宇航器的翼面、仪表盘、转子、压气机叶片、螺旋桨的传动轴等。

陶瓷基复合材料，具有高强度、高模量、低密度、耐高温、耐磨、耐蚀和良好的韧性，用于制造高速切削工具和内燃机部件。

金属基复合材料，是以金属及其合金为基体，与其他金属或非金属增强相进行人工结合成的复合材料，改善了传统聚合物基复合材料的缺点。

复合材料的成形方法按基体材料不同也各有差异。树脂基复合材料的成型方法较多，有手糊成形、喷射成形、纤维缠绕成形、模压成形、拉挤成形、RTM 成形、热压罐成形、隔膜成形、迁移成形、反应注射成形、软膜膨胀成形、冲压成形等。金属基复合材料成形方法分为固相成形法和液相成形法：前者是在低于基体熔点温度下，通过施加压力实现成形，包括扩散焊接、粉末冶金、热轧、热拔、热等静压和爆炸焊接等；后者是将基体熔化后，充填到增强体材料中，包括传统铸造、真空吸铸、真空反压铸造、挤压铸造及喷铸等。陶瓷基复合材料的成形方法主要有固相烧结、化学气相浸渗成形、化学气相沉积成形等。

3. 零部件选用原则

1) 使用性能原则

使用性能主要是指零件在使用状态下，材料应该具有的机械性能、物理性能和化学性能。对大部分机器零件和工程构件，主要考虑机械性能，对一些特殊条件下工作的零件，则必须根据要求考虑材料的物理、化学性能。通过对零件的工作条件和失效形式的全面分析，确定零件对使用性能的要求；利用使用性能与实验室性能的相应关系，将使用性能具体转化为实验室机械性能指标；根据零件的几何形状、尺寸及工作中所承受的载荷，计算出零件中的应力分布；由工作应力、使用寿命或安全性与实验室性能指标的关系，确定对实验室性能指标要求的具体数值；利用机械设计手册根据使用性能选材。常用零件的工作和失效形式如表 1-3 所示。

表 1-3　常用零件的工作和失效形式

零件名称	工作条件			常见的失效形式	要求的主要机械性能
	应力种类	载荷性质	受载状态		
紧固螺栓	拉、剪应力	静载	—	过量变形，断裂	强度，塑性
传动轴	弯、扭应力	循环，冲击	轴颈摩擦，振动	疲劳断裂，过量变形，轴颈磨损	综合机械性能
传动齿轮	压、弯应力	循环，冲击	摩擦，振动	齿折断，磨损，疲劳断裂，接触疲劳(麻点)	表面高强度及疲劳极限，心部强度、韧性
弹簧	扭、弯应力	交变，冲击	振动	弹性失稳，疲劳破坏	弹性极限，屈强比，疲劳极限
冷作模具	复杂应力	交变，冲击	强烈摩擦	磨损，脆断	硬度，足够的强度，韧性

2) 工艺性能原则

(1) 高分子材料零件。高分子材料的切削加工性能较好，与金属基本相同，不过它的导热性差，在切削过程中不易散热，易使工件温度急剧升高，使其变焦(热固性塑料)或变软(热塑性塑料)。高分子材料的主要成形工艺比较，如表1-4所示。

表1-4 高分子材料主要成形工艺的比较

工 艺	适用材料	形状	表面光洁度	模具费用	生产率
热压成形	范围较广	复杂	复杂	高	中等
喷射成形	热塑性塑料	复杂	很好	很高	高
热挤成形	热塑性塑料	棒类	好	低	高
真空成形	热塑性塑料	棒类	一般	低	低

(2) 陶瓷材料零件。陶瓷材料加工的工艺路线也比较简单，主要工艺就是成形，其中包括粉浆成形、压制成形、挤压成形、可塑成形等。陶瓷材料成形后，除了可以用碳化硅或金刚石砂磨加工外，几乎不能进行任何其他加工。陶瓷材料的各种成形工艺比较，如表1-5所示。

表1-5 陶瓷材料各种成形工艺比较

工 艺	优 点	缺 点
粉浆成形	可做形状复杂件、薄塑件，成本低	收缩大，尺寸精度低，生产率低
压制成形	可做形状复杂件，有高密度和高强度，精度较高	设备较复杂，成本高
挤压成形	成本低，生产率高	不能做薄壁件，零件形状需对称
可塑成形	尺寸精度高，可做形状复杂件	成本高

(3) 金属材料零件。金属材料加工的工艺路线较高分子材料和陶瓷材料更复杂，而且变化多，不仅影响零件的成形，还大大影响其最终性能。

铸造性，包括流动性、收缩、偏析和吸气性等。流动性愈好、收缩愈小、偏析和吸气性愈小，则铸造性愈好。金属材料中，铸造性较好的有各种铸铁、铸钢及铸造铝合金和铜合金，其中以灰铸铁铸造性最好。

锻造性，包括塑性和变形抗力。塑性愈好，变形抗力愈小，则锻造性愈好。在碳钢中，低碳钢的锻造性最好，中碳钢次之，高碳钢最差。在合金钢中，低合金钢的锻造性近似于中碳钢，高合金钢比碳钢差。铝合金在锻造温度下塑性比钢差，锻造温度范围较窄，所以锻造性不好。铜合金的锻造性一般较好。

焊接性，包括焊接接头产生工艺缺陷(如裂纹、脆性、气孔等)的倾向及焊接接头在使用过程中的可靠性(包括力学性能和特殊性能)。含碳量<0.25%的低碳钢及含碳量<0.18%的合金钢有较好的焊接性。含碳量>0.42%的碳钢及含碳量>0.38%的合金钢焊接性较差。灰铸铁的焊接性能比低碳钢差得多。铜合金及铝合金的焊接性能一般都比碳钢差。

切削加工性，切削加工性一般用切削抗力的大小、零件加工后的表面粗糙度、断削难易及刀具是否容易磨损等来衡量，一般有色金属很容易加工。正火状态低碳钢切削加工性能好，中碳钢次之，但都好于高碳钢。不锈钢及耐热合金很难加工。

热处理工艺，包括淬透性、淬火变形开裂倾向、过热敏感性、回火脆性倾向及氧化、脱碳倾向等。

3) 经济性原则

(1) 材料价格。材料的价格在产品的总成本中占有较大的比重，在许多工业部门中可占产品价格的 30%~70%，因此设计人员要十分关心材料的市场价格，在能满足使用要求的前提下，应尽可能采用廉价的材料，把产品的总成本降至最低，以便取得最大的经济效益，使产品在市场上具有较强的竞争力。

(2) 零件总成本。零件选用的材料必须保证其生产和使用的总成本最低。零件的总成本与其使用寿命、重量、加工费用、研究费用、维修费用和材料价格有关。在金属材料中，碳钢和铸铁(尤其是球墨铸铁)的价格比较低廉，并有较好的工艺性，所以在满足使用性能的条件下应优先选用。低合金钢的强度比碳钢高，总的经济效益也比较显著，有被扩大使用的趋势。非金属材料的资源丰富，性能也在不断提高，应用范围不断扩大，尤其是发展较快的聚合物具有很多优异的性能，在某些场合可代替金属材料，既改善了使用性能，又可降低制造成本和使用维护费用。因此，在保证使用性能的前提下，能够用非金属材料代替金属材料时，尽量使用非金属材料。

1.3 汽车改装法律规范

汽车改装之前，承揽人和定作人根据改装约定的内容和要求，双方签订有效的改装合同，以明确改装双方的责任、权利和义务。改装完成后，可以根据合同对改装的效果进行评定，发生纠纷时，双方可以依据合同来维护自己的权益。

1.3.1 汽车改装合同

为加强汽车维修行业管理，维护汽车维修经营活动的正常秩序，保障承、托修方当事人的合法权益，2018 年 9 月 24 日，中华人民共和国国务院办公厅颁布《完善促进消费体制机制实施方案(2018—2020 年)》，明确提出了积极发展汽车赛事、旅游、文化、改装等相关产业，深挖汽车后市场潜力。

汽车改装在我国出现的时间比较短，我国目前还没有关于汽车改装合同内容以及合同当事人权利与义务的要求，因此，我们参照汽车维修合同的相关内容，草拟以下汽车改装合同，仅供大家参考。目前从事汽车改装的企业大多数是汽车维修企业，为了方便理解，在下述的汽车改装合同中，我们仍将承揽人叫承修方，定作人叫托修方。

1. 改装合同内容及法律特征

1) 承修方、托修方的名称

任何合同都必须要有承修方、托修方的名称，这是合同双方当事人条款，是合同权利义务的承担者，汽车改装合同也不例外。

2) 送改车辆的车型号

承修方与托修方根据需要可签订单车或成批车辆的改装合同。多数的汽车都是批量生产的，在外观上没什么区别，所以订立汽车改装合同时要确保送改汽车不与其他汽车混淆，不能用其他汽车替代。因此，合同必须写明以下内容，这些内容可以保证送改的汽车特定化，以区别于其他汽车。

车种：汽车的种类，如货车、客车、轿车、两用类、特种车辆等。在汽车改装合同中这是首先要明确写出来的。

车型：每个品牌的汽车都不是仅生产一种型号的汽车，型号不同的汽车外观差异是比较大的。而且不同品牌的汽车即使车型相同，汽车的外形也不同，所以车型靠品牌、型号两方面确定。汽车改装合同要写明车辆的品牌以及型号，可以使得汽车的式样明确，如奔驰 600、奥迪 A6 等。但同样的车种、车型的汽车还是有很多，所以还需要从下面的项目将送改汽车进一步特定化。

牌照号：牌照号是交通管理部门颁发的汽车牌照的号码。汽车的牌照号犹如人的身份证，每辆汽车都有自己的牌照号，不同汽车的牌照号是不同的，所以在汽车改装合同中牌照号是必要内容。

底盘(车架)号：底盘(车架)号是在车辆出厂时，生产者在汽车底盘上打印的钢戳号码。每一辆汽车都有生产者自己所编制的底盘(车架)号。

发动机型号(编号)：是指发动机的型号以及生产者在发动机机身打印的钢戳号码，每车各不相同。

汽车 VIN 识别代码：车辆识别代码(Vehicle Identification Number，VIN)是汽车的身份证明。该号码的生成有着特定的规律，对应于每辆车，并能保证 30 年内在全世界范围内不重复出现。

上述内容都是使送改汽车特定化所必须的内容。

2. 改装类别及项目

改装类别及项目是指汽车需要改装的种类、部位以及项目明细。一般来说，当汽车需改装时，托修方与承修方都对改装的类别及项目有所了解。首先托修方自己知道改装内容、改装部位、改装目的以及改装后要达到的要求等；而承修方从托修方的叙述中也会了解上述内容。所以，在汽车改装合同中，应当明确改装类型及项目、改装部位、改装目的以及改装后要达到的要求等，如天窗改装、尾翼改装、进排气系统改装等。在改装时需要更换、添加零件，也应详细写明。在改装过程中，未经托修方的同意，承修方不可擅自增加改装项目。

3. 车辆交接期限等事宜

在汽车改装合同中存在两个车辆交接期限。一为送车期限，即托修方将需改装的车辆送交承修方，以便承修方开始履行合同的时间；一为接车期限，即承修方将改装好的车辆交给托修方的时间。这两个期限都直接关系到合同能否履行、能否正确履行，所以必须明确并详细规定。对于送车、接车的方式和地点，一般由双方根据实际情况约定。通常情况下，由托修方将待改车辆驶至承修方的改装场所，也存在承修方将待改车辆接走的情况。接车时，通常为托修方到承修方的改装场所接车，并当场试车验收。

4. 预计改装费用

我国《合同法》第 252 条规定："承揽合同的内容包括承揽的标的、数量、质量、报酬、承揽方式、材料的提供、履行期限、验收标准和方法等条款。"汽车改装"费用"，不仅包括托修方向承修方支付的劳务费(也叫工时)，还包括使用承修方的材料费。因为一般情况下，汽车改装合同的托修方使用的是承修方的材料，所以需要支付承修方的不仅有劳务费，还有材料的价款。在汽车改装费用中，托修方一般使用承修方的材料，包括改装的原材料，辅助材料费，如零配件、清洗剂、润滑剂等，对此价款托修方都需要支付。

5. 材料、配件的提供与质量

改装需要材料和配件，因此材料、配件的提供可以决定改装的质量。目前我国汽车种类繁多，汽车零部件的供给也就比较复杂，特别是改装配件大部分是进口的，而且有些零配件供给市场不明，进口零配件的质量、价格也参差不齐，改装合同有必要约定：哪一方提供材料、配件、材料名称、规格型号、牌号商标、质量、数量、价格及提供时间等。使用承修方提供的材料、配件时，因装配使用有质量问题的配件、材料所引起的质量责任由承修方负责。需要特别强调的是，使用托修方提供的材料、配件的，一定要明确使用后责任的承担者，否则装配使用托修方自带材料、配件且改装合同中未明确责任的，根据交通部 1998 年 6 月 12 日颁布、1998 年 9 月 1 日实施的《汽车维修质量纠纷调解办法》第 15 条的规定，所引起的质量责任还是由承修方负责。

6. 质量保证期

汽车改装的目的在于使得改装后的汽车美观、有个性，汽车的某些性能有所提高，而且要安全、正常使用一段时间。但是托修方在接车时，对汽车改装后的性能是否真的提高，是否能正常使用一段时间一般是不能确定的，必须经过使用后才能确定。因而汽车改装合同须约定质量保证期，即应当约定改装后汽车的性能达到改装的目的，改装后的汽车在一定的时间内，改装的部位不发生故障。质量保证期的约定通常有两种方法，一是约定该汽车正常行驶多少天内改装部位无故障或达到性能要求；二是约定汽车正常行驶多少公里内改装部位无故障或达到性能要求。在质量保证期内出现改装部位故障，承修方应负责维修。对没有达到改装目的，没有达到性能要求的，承修方应负责重新改装。

7. 验收标准及方式

由于汽车改装部位的差异、改装目的的不同，使得改装质量标准很难掌握，因此，在合同签订时，双方应就改装后所达到的质量要求约定一个共同认可的标准作为验收依据。同时，还应明确验收的方式。

8. 结算方式及期限

与其他合同相似，汽车改装合同的结算方式，也有两种可供选择：一是现金结算；二是银行结算。改装合同应当对结算期限明确、具体约定。在改装费用较高，双方约定分期付款时，应约定每一期付款的数额、时间及付款方式等。

9. 其他条款

违约责任：违约金、滞纳金金额可由双方商定。对违约金支付的时间如双方没有商定，交通部 1998 年 6 月 12 日颁布、1998 年 9 月 1 日实施的《汽车维修质量纠纷调解办法》第 14 条规定违约金、赔偿金应在明确责任后 10 日内偿付，否则按逾期付款处理。

纠纷解决方式：承、托修双方对履行合同中可能发生的纠纷，可以事先协商解决途径。如改装车辆在质量保证期内发生质量问题，当事人可先到所在地交通主管部门提请调解处理。也可以约定合同纠纷解决途径为仲裁，或者向当地人民法院诉讼解决。

合同变更后的责任：我们知道承揽合同的定作人在合同签订后、履行完毕前是可以要求变更、解除合同的，但是定作人要赔偿承揽人的损失。《汽车维修合同实施细则》第 11 条对汽车维修合同签订后的变更和解除的规定为："汽车维修合同签订后，任何一方不得擅自变更或解除。当事人一方要求变更或解除维修合同时，应及时以书面形式通知对方。因变更或解除合同使一方遭受损失的，除依法可以免除责任的外，应由责任方负责赔偿。"从理论上来说，《合同法》实施后，一切与其有着相反内容的法规或者法规中的条款就失去了效力，但《汽车维修合同实施细则》并没有否认定作人变更、解除合同的权利，该条款可作为特殊要求看待。

汽车改装合同也应参照上述条款执行。

1.3.2 汽车改装基本检验技术文件

1. 汽车改装进厂检验单

汽车改装进厂检验单应包括下列内容：进厂编号、牌照号、厂牌、车型、托修单位(人)、车辆状态、车身附件清点记录、车身检查记录、检验日期、检验员签字。检验单中字迹应清晰，项目应齐全、完整，填写应真实、正确。

2. 汽车改装工艺过程检验单

汽车改装工艺过程检验单应包括下列内容：进厂编号、厂牌、车型、检验项目、检验结果记录、检验结论、改装方法、改装师签字、检验员签章及日期等。检验单中字迹应清晰，项目应齐全、完整，填写应真实、正确。

3. 汽车改装竣工检验单

汽车改装竣工检验单应包括：进厂编号、托修单位、承修单位、牌照号、厂牌、车型、底盘号、车辆识别代码(VIN)、车辆装备状况、车辆改装改造状况、检验记录、检验结论、检验员签章及日期等。检验单中字迹应清晰，项目应齐全、完整，填写应真实、正确。检验项目、要求、方法、名词术语和计算单位应符合国家、行业有关标准及相关技术文件的有关规定。

4. 汽车改装合格证

汽车改装合格证中内容应包括：进厂编号、托修单位、承修单位、牌照号、厂牌、车型、底盘号、车辆识别代码(VIN)、车辆装备状况、车辆改装改造状况、检验记录、检验结论、检验员签章及日期等。合格证中字迹应清晰，项目应齐全、完整，填写应真实、正确。检验项目、要求、方法、名词术语和计算单位应符合国家、行业有关标准及相关技术文件的有关规定。

1.3.3 汽车改装竣工质量评定

1. 外观质量

1) 车身蒙皮及护板

(1) 蒙皮。车身蒙皮应形状正确、平整、曲面圆顺、无松弛和裂损。

(2) 铆、螺钉。车辆周身铆钉及螺钉应平贴、紧固。

(3) 护板及压条。车辆护板应平整、曲面圆顺、无凸凹变形和裂损。车辆蒙皮及护板压条应密合牢固，且应平直，不应有扭曲变形。

2) 面漆

(1) 面漆表面。面漆表面应无流痕、起泡、裂纹、皱皮、脱层、缺漆。

(2) 面漆边界。面漆异色，边界应分明、整齐。

(3) 漆膜光泽。车身蒙皮漆膜光泽度，客车应不低于 90%。

(4) 漆硬度。漆表面硬度应符合 JB/Z 111 中的规定。

3) 装饰件

(1) 内外装饰件外观。内外装饰件外观应平顺贴合、无凹陷、凸起或弯曲，拐角圆顺，表面无划痕、锤击印。紧固件排列整齐、安装牢固。

(2) 外装饰带。外装饰带分段接口处应平齐，接口间隙不大于 0.5 mm，并与窗下沿平行，其平行度误差在全长内不应大于 5 mm。

(3) 电镀装饰件。电镀装饰件应光亮、无锈斑、无脱层、无划痕，铝质装饰件表面应抛光，并经氧化或电化学处理。

2. 车身质量

1) 外形尺寸

外形尺寸应符合原设计规定。测量外部尺寸时，可以用钢卷尺按 GB/T 12673—1990 中规定的外部宽度、高度、长度等测量项目进行，测量内部尺寸按 JB4100 中规定的测量项目进行。不符合规定为不合格。

2) 内、外部凸起物

车身内外部不应有任何使人致伤的尖锐突出物。有一处以上缺陷为不合格。

3) 车门

车门应启闭轻便、锁止可靠；门缝均匀，密封条有效。不符合规定为不合格。

4) 车窗(风窗、后窗)

侧窗、角窗及顶风窗无翘曲变形。可开窗应启闭轻便、关闭严密、锁止可靠，电动升降机、摇窗机灵活有效。密封条应齐全，无老化、破损，粘接牢固、有效。门窗玻璃应采用安全玻璃，前挡风玻璃应采用夹层玻璃或部分区域采用钢化玻璃并且应不炫目；其他门窗可采用钢化玻璃，并应齐全、完好、透明。

5) 发动机罩

发动机罩应无裂损、凹凸变形，盖合严密、边缝均匀，附件齐全有效、开启灵活、锁止可靠。有两处以上缺陷为不合格。

6) 行李箱盖

行李箱盖无裂损、变形，开启灵活、盖合严密、边缝均匀、锁止可靠、支起牢固。有两处以上缺陷为不合格。

7) 座椅

座椅间距应符合原厂设计规定或符合改装改造技术要求的规定。有两处以上缺陷为不合格。座椅架应无裂损、变形、锈蚀，安装牢固。有两处以上缺陷为不合格。座椅调节机构应灵活、有效、锁止可靠。有两处以上缺陷为不合格。

8) 仪表盘

仪表盘应无裂损、凹凸变形，安装可靠，仪表齐全、完好、准确。有一处以上缺陷为不合格。

9) 后视镜

后视镜应成像清晰，调节灵活，支架无裂损及锈蚀，装置牢固。

10) 刮水器

刮水器应工作可靠，有效刮面达到原设计要求。

11) 防雨密封性

防雨密封性限值应符合 QC/T476—2007 中的规定。

12) 防尘密封性

防尘密封性限值应符合 QC/T475—1999 中的规定。

13) 车内噪声

汽车最大允许噪声应符合 GB 1495—2002 的有关规定。不符合要求为不合格。

3. 动力系统质量

1) 装备与装配

发动机装备齐全、有效，装配符合 GB/T3799.1—2005 中的有关规定。有一处以上缺陷为不合格。

2) 进气管真空度

汽油发动机怠速时，进气歧管真空度应在 57～70 kPa 范围内。增压发动机应符合增压要求。发动机怠速时，进气歧管真空度波动，6 缸汽油机不超过 3 kPa，4 缸汽油机不超过 5 kPa。

3) 汽缸压力

汽缸压缩压力应符合原设计规定。各缸压力差，汽油机不超过 8%，柴油机不超过 10%。

4) 发动机运转情况

发动机怠速运转稳定，其转速符合原设计规定。转速波动不大于 50 r/min。发动机改变转速时应圆滑过渡。发动机突然加速或减速时不得有突爆声，转速变化均匀，不得有断火、爆震现象。发动机在正常工况下运转时，不得有异常响声。

5) 机油压力

发动机机油压力应符合原设计规定。

6) 水温、油温

发动机水温、油温应符合原设计规定。

7) 四漏情况

发动机应无漏水、漏油、漏气、漏电现象。

第二章　进气系统改装

进气系统是在进气过程中利用大气压与发动机汽缸内压力形成的压差，使空气进入到气缸内。一般进气系统主要包括空气滤清器和进气歧管。在燃油喷射式发动机中，还包括空气流量传感器或进气歧管压力传感器。空气经空气滤清器滤去杂质后，流过空气流量传感器，经过计量后，再经由节气门通道进入进气歧管，与喷油器喷出的汽油混合后形成适当比例的可燃混合气，最后由进气门送入各个气缸。进气过程中进气口与气缸内形成的压差越大，沿程阻力越小，进气就会越充分，为燃烧准备的氧气更充足，这就为发动机产生更大的动力性提供了可能。在进气系统中可以用充气系数来评价不同排量发动机换气过程的完善程度，充气系数越大，说明每次循环的实际充气量越多，每次循环可燃烧的燃料也随之增加，发动机的扭矩和功率也就越大，动力性就越好。

目前，市面上主流的进气系统品牌有 aFe POWER、K&N、Pipercross、BMC 等。

aFe(Advanced FLOW Engineering)在美国被誉为进气专家，一直专注于进排气系统的开发，其产品包括高流量风隔、机油隔、进气歧管、涡轮增压器、中冷器、ECU、节气门及排气系统等，其标志如图 2-1 所示。aFe 之所以被誉为进气专家，是因为其产品设计经过严密计算和测试，确保拥有最顺畅的进气渠道，其设计的空气挡板以及导风装置，有效阻隔了引擎舱的高温，增加进气效率，从而增加引擎马力及扭矩。aFe 根据用户不同的取向推出 3 个阶段的进气系统。第 1 阶段主要更换高流量空气隔，有效增强马力和扭矩。第 2 阶段则会更换密封式风箱，有效增强低扭以及降低进气噪声。第 3 阶段是采用开放式进气系统，取消风箱，加大的空气隔有效增强高转马力的输出。除此以外，aFe 还提供个性定制服务，顾客可以根据自己的喜好定制不同大小尺寸的空气过滤器。

图 2-1　aFe POWER 标志

K&N Engineering 成立于 1964 年，公司由 Ken Johnson 和 Norm McDonald 建立，各取名字的第一位字母组合成品牌名字，标志如图 2-2 所示。K&N 是世界知名的品牌，他们早在 1969 年便开始设计高性能的进气套件，而且他们的套件经过 ISO5011 试验开发。K&N 产品采用 4-6 层的棉质材料作为主滤芯，并且加入纱布状的布将其包裹，这样的做法可以起到更好的过滤作用。另外，K&N 的高流量风隔同样需要配合空滤油来使用，虽然不加也是可以的，而且这样会让空气流量加大，但是，这样会大大降低空滤的过滤性能。棉质滤芯的 K&N 风隔，均为可多次利用的产品，在使用上一段时间后，只需把高流量风隔拆下，用清水冲洗就可继续使用。

图 2-2　K&N 标志

BMC 这个品牌别说改装爱好者，就连玩过极品飞车这个游戏的朋友都会看见过他们的 Logo，这个来自意大利的空力套件生产品牌已经有着较久远的历史了，标志如图 2-3 所示。他们制作的空气滤清器产品被广泛应用在多个领域，而且他们的产品均经过 ISO5011 试验。该品牌下的这些进气套件采用天然棉质材料制作，配合空滤油，可以让进气量加大的同时，让进气套件的使用时间也加长。另外，由于并非采用纸质滤芯，所以整套套件的耐用性相比起原厂滤芯的使用寿命更长。

图 2-3　BMC 标志

2.1　空气滤清器改装

空气滤清器的作用是滤除空气中的杂质或灰尘，让清洁的空气进入汽缸，同时可以消减进气噪声。空气滤清器的改装一般是不改变空气滤清器的结构，只换装高流量的空气滤芯。也可以整体换装空气滤清器，换装后的空气滤清器可以使空气流过滤芯的速度加快，滤芯对流过的空气的阻力减小，最终的目的还是提高进气效率。

2.1.1　换用高流量的空气滤芯

改装进气系统的首要工作就是换用高效率、高流量的空气滤清器。空气滤清器的阻力随结构的不同而有所不同。空气滤清器必须在保证滤清效果的前提下，尽可能减小阻力，如加大气流通过截面积，改进滤清器性能，研制出更加低阻、高效的新型滤清器等。原厂的空气滤清器滤芯大都是用成本和进气噪声较低的纸质滤网制造，如图 2-4 所示，纸滤网的表面有无数的小孔来阻隔灰尘和异物，但当滤网表面积累了一定的灰尘，部分小孔被阻塞，进气量便会受到影响。因此原厂滤芯需要经常维护和更换。

高流量的空气滤芯一般采用成本较高的棉质或海绵制作，并配合专用的滤芯油来阻隔灰尘。由于棉是三维立体的过滤介质，灰尘在通过时会被纵横交错的多层纤维阻隔，然后再由滤芯油使其浮离于滤芯表面，不会像纸质滤芯般当小孔被灰尘堵塞后便失效，棉质滤芯如图 2-5 所示，高流量的空气滤芯进气效率更高而且更持久。海绵滤芯有较棉质滤芯更高的容尘量，有更长的清洁周期，能长时间保持良好的透气性能，有不怕潮湿和不容易被异物打穿的特性。换装高流量的滤芯可降低发动机的进气阻力，从而提高发动机运转时单位时间的进气量及容积效率。例如可以将原厂纸质的滤芯更换为以单层纤维布等为过滤材料的高流量滤芯，以达到在减少发动机进气阻力的同时增大单位时间内的进气量的效果(由于原厂的空气滤清器多为多层纸质制成，较大的阻力决定了在进气的同时，发动机负荷会有所增加)。与此同时，空气流经空气流量传感器后，空气流量传感器将进气量增加的信号送至电控单元(ECU)，ECU 便会发出指令控制喷油器喷出更多的燃油与之配合，使得更多的可燃混合气(值得注意的是，更多并不意味着更浓)进入气缸，从而使发动机输出功率增加。

图 2-4　原厂滤芯

图 2-5　高流量滤芯

　　注意事项：换装的高流量滤芯的外部尺寸必须满足原有空气滤清器的要求；空气的通过能力须超过原有的滤芯；对杂质和灰尘的过滤能力不低于原有滤芯的过滤能力；换用方便、易清洁。

2.1.2　整体换装空气滤清器

　　若更换滤芯仍不能满足需求，则可将原有的空气滤清器在进气道连接处拆开，换用直通式空气滤芯等其他的空气滤清器。比如可将整个空气滤清器总成换成俗称"冬菇头"的滤芯外露式滤清器，如图 2-6 所示，这种滤清器有效增大了滤清器的有效过滤面积。"冬菇头"通常与原车装配的或改装后的进气管路连接，以应对发动机高转速所需要的更大的吸气量，进一步降低进气阻力。

　　"冬菇头"外形的滤清器款式很多，通常可以分为以下几款：

图 2-6　滤芯外露式滤清器

　　(1) 广角半球形：此款滤清器的优点是不仅可以从头部吸入空气，连侧边和尾部也都能够吸进空气。

(2) 中央内凹形：此款滤清器能争取最大的吸气面积，并可加强导流作用。

(3) 双漏斗结构设计：此款滤清器可让中央部位的空气快速流动且减少涡流。

另外，所有的"冬菇头"都应搭配喇叭口状的锥形底座，使气流能顺畅加压出去，还需特别注意其集尘效果。

注意事项：整体换用的空气滤清器应不改变原先滤清器的位置；换用的滤清器的出口直径应大于或等于原先进气管的直径；换装滤清器后进气管的长度不发生改变；进气管路不漏气；换装后的滤清器的空气通过能力须超过原有滤芯；对杂质和灰尘的过滤能力不低于原有滤芯的过滤能力；换用方便、易清洁。

对于换用高流量滤芯或是换装空气滤清器，通过滤清器的空气流量可以使用公式(2-1)来确定是否符合要求。

$$Q = 0.03niV_h \quad (\text{m}^3/\text{h}) \qquad (2\text{-}1)$$

式中：Q 为空气滤清器流量；n 为发动机额定工况转速；i 为汽缸数；V_h 为单个汽缸工作容积(L)。如某轿车排量为 2.26 L，额定工况为 119 kW/6500 r/min，理论上额定工况下需要的空气流量为 $Q = 0.03 \times 6500 \times 2.261 = 440.895 \text{ m}^3/\text{h}$。换用高流量的滤芯或换装整体滤清器，通过滤芯的空气流量应满足此数值。

2.2 进气道改装

进气道改装的总体思路是必须保证足够的流通面积，避免弯管和截面突变，并改善管道表面的光洁程度，以减小阻力，提高容积效率。通常进气道的改装可从抛光进气道、改变进气道的形状和更换进气道的材质三个方面着手。进气道的换装方法是松开空气滤清器和进气道、进气道和进气歧管的连接，换装新的进气道，要求连接紧密。

抛光进气道可以降低气道表面的粗糙度，平滑的表面可有效降低进气阻力，减轻空气流经气道时在气道表面产生停滞的现象；抛光后气道直径也会有小幅度的加大，这可视为抛光后所带来的附加效益。进气道抛光后可加快气体的流速，加强了扫气效应，使残余废气排得更彻底，提高发动机的容积效率。相应的，排气道的抛光也能起到一样的效果。改变进气道形状的目的在于改变进气蓄压(以满足急加速节气门突然全开时的需要)和增加进气流速，进气道截面的形状大体有矩形、圆形和修圆角的矩形 3 种，进气道的形状对进气的效率有一定的影响。在各种工况下，修圆角的矩形截面管道的进气效率较好。进气道的形状应和原先发动机进气道的形状尽量保持一致，进气道的截面积应和原先的相符。进气道的长度应该考虑进气道内的动力效应的应用。

进气道的材质应考虑吸热少及重量轻，能让进气的温度少受发动机室的高温影响，可以使进气密度提高，单位体积内所含的氧气量得到增加而提高发动机的功率。目前最常用的就是碳纤维材料。碳纤维材料具有不吸热的特性，可以保证进气温度不受发动机舱高温的影响，使进气密度更高，即单位体积的含氧量增加，从而提高发动机的动力性能，但是价格较高。改装进气道时，常将形状及材质同时改变，以获得最好的效果。同时将空气滤清器一起拆除，并将进气口延伸至车外，直接对准前方，以便在车速提高的同时进气压力也能随之增大，进气量也相应增加。

注意事项： 进气道的长度、截面积和形状应尽量不发生改变；进气道材料的选择应以减少温度对进气的影响为宜；进气道应和空气滤清器以及进气歧管紧密连接，不发生漏气；换装后的进气道的进气线形应和原先的一致；线形若改为直线式，应考虑因缩短进气道对进气效率的影响。

2.3　进气歧管改装

进气歧管的作用是把流经进气道的气体分配到各个汽缸去。在多缸发动机上，应使各缸进气歧管的长度尽可能相同，采用等长并独立的进气歧管，避免各缸气波之间的干扰。转速不同，所需进气管长度也不同，一般高速发动机配备较短的进气管，低速发动机所需的进气管较长。由于汽车内燃机使用的转速范围较宽，配用进气管时，应在常用转速区考虑其长度，以有效利用进气的动态效应。

由于进、排气均是间歇的，所以进、排气管存在压力波动。在特定的进气管条件下，可以利用此压力波动来提高进气门关闭前的进气压力，以提高容积效率，这就形成了动态效应，动态效应可分为惯性效应和脉动效应两种。进气管的惯性效应是指进气门打开、空气流入气缸内时，由于惯性的作用，即使活塞已经到达下止点，空气仍将继续流入气缸内。若在气缸内压力达最大时关闭进气门，容积效率将达到最大值。进气管的脉动效应(又称"共振效应")是指发动机除了在极低的转速外，进气门前的压力在进气期间会不断地产生变动，这是由于进气门的开、闭动作，使得进气歧管内产生一股压缩波前后波动。如果进气歧管的长度设计正确，能让压缩波在适当的时间到达进气门，则可燃混合气可借其本身的波动进入气缸，提高发动机的容积效率，反之则会导致容积效率下降。

进气歧管的长度也在很大程度上影响了这两种效应。若想得到最佳的容积效率就必须同时考虑脉动效应及惯性效应，也就是说在气缸压力达到最大、关闭进气门的同时，前方进气歧管内的压缩波也应达到最高的位置(波峰)。较长的进气歧管在发动机低转速时的容积效率较高，最大转矩值会较高，但随着转速的提高，发动机的容积效率及转矩都会急剧降低，不利于发动机高速运转。较短的进气歧管可以提高发动机高转速运转时的容积效率，但会降低发动机的最大转矩值及其出现的时机。因此若要兼顾在发动机高低转速下的动力输出，维持任何转速下的容积效率，只有采用可变长度的进气歧管才能解决此问题。

2.3.1　单喉进气歧管

单喉进气歧管的改装以加大节气门为主。原厂节气门可经加工增加其孔径，传统的加工方法就是像镗缸一样加大直径，各种发动机原厂进气歧管的直径各不一样，有的只能增加 3 mm，有的则可增加 5～6 mm。节气门加大最重要的一点是，加大的蝴蝶阀门片能否和阀体密合。因为阀门片和阀体在关闭时并非平行，而是大约会有 1°～2° 左右的斜度，为了能使二者真正密合不漏气，蝴蝶阀门片两边不同向的角度应该有 2°～3° 的斜差。节气门闭合的是否严密，直接影响到怠速的稳定与否，更换加大的节气门后，若发现怠速不稳或油门卡滞，有进气不顺畅的感觉，大部分都应该是加工精确度的问题。

原厂歧管的改造还可以采用内部抛光的方法。原厂形式的歧管，都是采用铸造翻模而成的，内壁粗糙直接影响到气流的经过，内孔抛光也是一个改装的途径。由于歧管本身弯曲度大，内孔加工有一定的困难度，因此国外现今已有生产更大型的储气室和更大管径的歧管。这也是从多喉系统衍生出来的产品，也就是将 4 歧管部分缩短，内孔径增大，尽量达到等长，且配合喇叭口的形式，加上内壁光滑处理，使得单节气门歧管也有多喉歧管的优点，可以大大提升进气效率，尤其在高转速和加速时起着决定性的作用。其他强化的手法还有加大节气门后的歧管部分，以配合节气门进气，也能增加储压的效能。在歧管和节气门改装后，还要注意混合比的调校。多增加的进气量如果没有适量的供油来配合，依然无法使发动机发挥其应有的性能。

2.3.2　多喉进气歧管

进气歧管包含了控制进气多少的节气门，而根据节气门配置上的不同，又可分为空气从节气门后平均分供给各缸使用的单喉形式，和每个汽缸独立使用单一节气门的多喉形式，也称之为多喉直喷系统。一般的汽车碍于维修的方便性及成本的控制，通常都采用单喉节气门设计。而高性能跑车为了追求高峰值功率、瞬间和后段加速力，不考虑成本价格的因素，直接使用多喉直喷系统，如图 2-7 所示。

多喉直喷系统不仅具有节气阀有效面积增大的优点，还设有增加节气室，可使歧管达到短距离等长度、直线度好等合乎理论上的要求，再配合进气喇叭或阀门变化而避免进气产生相互的干涉，确保发动机各缸获得较高的进气效率。

图 2-7　多喉直喷系统

一般来说，进气歧管长度、口径的大小影响了发动机的输出特性。多喉系统整体表现的最佳部分集中在中、高速，愈短的进气歧管，空气进入汽缸内的效能也就愈好，高速功率输出也会愈大。而较长歧管则可使中、低速的扭矩提升，有利于在一般城市街道上行驶。如果要在多喉歧管的条件下改变油耗、扭矩及功率，就必须选择合适的节气门直径，一般节气门的尺寸有 40 mm、45 mm、50 mm 三种。使用 50 mm 的节气门发动机时，排气量最好超过 2000 mL，压缩比最好能控制在 12：1 以上。由于直径太大，在加速时，瞬间所吸入的进气量过多，一般计算机大都无法匹配，必要时更需要搭配能够独立设定加速泵供油量及供油时间等功能的可程序化计算机。

多喉直喷设计的进气口通常都只装置喇叭口，但发动机室内所产生的热气会影响进气的质量与密度，所以最好能加装大型的蓄压集气箱，这样既可以增加瞬间的加速能力，也可使发动机有更好的高转扭矩表现。原厂设计的多喉系统，其规格、尺寸各家都有所差异，但是使用在改装套件上，多喉系统都有其一定的规格形式。一般而言，侧吸式系统称为DCOE，而下吸式系统则为DCNF，这两种规格一定要明确。在订购改装多喉套件时是成套的，也就是说 4 喉管就是两组阀体，6 喉管则是 3 组阀体。各种发动机使用的阀体是一样的，对应不同的发动机可搭配不同的进气歧管。一套多喉直喷系统，零件组包含了进气歧管和 2 或 3、4 组阀体以及喇叭口、油轨、喷油嘴、油门与线支架组。

多喉直喷系统是构造复杂的系统，它的设定和调整就更加困难，相应地也很重要。假如某个项目没有处理合适，所表现出来的后果是怠速不稳，加速时产生不协调的抖动。在两喉一组的阀体连接的多喉联动装置中，调整的重点是使各缸的进气量一致。在怠速调整时，需要使用真空表组连接各缸的进气歧管，调整旁通阀使怠速各缸的进气一致。还要使用多喉专用流量计，测试打开节气门时各缸的进气流量是否相等，调整节流阀开度螺钉使进气流量一致。在调整完其他油门开度的进气量后需再次调整旁通螺钉，以确定怠速是否达到稳定。一组调校不平衡的多喉系统，轻则发动机不顺畅、功率输出不佳，重则会导致各缸严重失衡，发动机异常磨损。

进气歧管的换装方法是松开进气歧管与进气道和缸盖的连接，选装合适的进气歧管，更换密封垫，紧密连接。

注意事项：换装的进气歧管内表面应光滑且线形顺畅；歧管的横截面积不应小于原进气歧管的；进气歧管与进气道和缸盖的连接处应光滑，若有焊接须打磨；进气歧管内的传感器安装处的参数、节气门的流量和位置尽量不要变动；有谐波增压或储气室等特殊设计的进气系统最好不要轻易改动进气管。

2.4 节气门改装

节气门是通过不同的开启角度改变进气流量，使空气流量计感知到进气流量的传感信号，从而传达给行车电脑来控制发动机转速的重要部件，如图 2-8 所示。一般车辆多为单一节气门形式，安装在进气歧管口部，节气门采用可轴向开启的片状阀门来改变进气流量。

图 2-8　节气门

节气门按开启驱动方式不同分为机械式和电子式，机械式由一条加速踏板相连的钢索控制片状阀门的开启，优点是反应直接、结构简单，缺点是动作精确度低、油耗高。电子式则由加速踏板上的步进电动机以专用线组与控制节气门片状阀门的步进电动机组成的控制单元进行控制，当踩下加速踏板时，步进电动机会将信号传至控制节气门片状阀门的步进电动机，行车电脑会根据发动机的实际工况控制片状阀门的开启角度，做到准确合理的控制，从而使耗油量得到有效的控制，缺点是反应不够直接、结构较复杂。

1. 增加节气门直径

加大节气门直径的方法有两个：一是购买整体尺寸较大的改装品；二是自行用车床加工。增加节气门直径对提升进气效率和增加油门反应都有帮助，多数的做法都是拿原厂产品去加工，将管壁内径车大，如直径加大 4 mm 左右，保证管壁有 2 mm 的厚度，如果能偏心车削则能加大到 5～6 mm，加工前需要注意阀门本身的材质，应要求是铜片制成，否则会发生怠速不稳甚至节气门卡死等危险情况。此外，节气门孔径增加后，应加工出直径与节气门内径完全相等的片状阀门，以保证密合度，防止节气门迟滞、怠速不稳等情况发生，同时还需对片状阀门转动轴进行削薄处理，防止转动轴干扰进气流的稳定，还要注意片状弹簧应采用和原厂一样的材质制作，防止阀门与阀体内壁因材料间膨胀系数不同产生密合度不良的问题。

2. 电子节气门改装

电子节气门也是可以改装的，其方法就是更换动作更快速的伺服电动机。传统钢丝拉索控制的节气门，加大后常会有感觉不出效果或出现怠速不稳的现象，前者应该归因于节气室接座的口径没有随之扩大，后者则是节气门开度传感器的电阻值没有调整到和原厂一样的状态所造成的。

2.5 进气系统改装误区

1. 误区 1：进气量越大越好

对于车辆核心部分的动力系统来说，是权衡了多方面因素最终选择一个最为合理与平衡的设定。而改装就是打破原厂已经设定好的平衡，在耐用性、舒适性与环保等条件上做出一定的妥协和让步，使动力性能更为突出。对于进气系统的改装，适度地提高发动机的进气效率便可获得一定效果的动力提升(一般不会超过 10%)，而且操作起来也并不难，可要是想在此基础上进一步提高动力性能，事情就会变得复杂起来。

增加单位时间内的进气量可以配合更多的燃油使其燃烧做功(ECU 会侦测到增加的进气并实时增加燃油配合燃烧)。简单说，为发动机提供的燃料与助燃气体越多，对活塞的压力也就越大，发动机所提供的扭矩也就越高。但原厂 ECU 对喷油、点火等设定是有一定范围限制的(考虑到多方面因素，调整范围非常有限)，进气量一旦超出原厂设定范围，发动机其他部分运行便不会继续跟进调整，所以只对进气部分进行改装，ECU、供油、点火、排气等不同步跟进，便无法大幅提升动力性能。另一方面，增大进气量几乎都会尽可能降低进气阻力，对于一些排量较小的车型来说，低转速时由于发动机可以提供的进气负压(吸啜力)较低，相同转速下过于顺畅的进气会使进气流速降低，过低的进气阻力会削弱低转速扭矩输出，令起步阶段加速变得无力(甚至怠速不稳，出现异常抖动)，这种特性更不适合在城市道路行驶的车辆，所以在改装进气时要考虑到车型本身的动力输出特性，对于一些低扭较差的车型来说，进气系统不可以太过顺畅。举个例子，假设用吸管喝水，用普通粗细的吸管可以毫不费力地把水吸出来，但如果换成超级粗(嘴张到最大刚好含住)的吸管，再想喝到水几乎是不可能的，不过把这个超级粗的吸管给大象来用的话就会非常合适，而发动机高转速时所提供的吸啜力就好比大象，低转速时就好比人。

2．误区 2：使用二次进气、电子涡轮等产品

电子涡轮、二次进气等改装产品不但不能提高发动机的动力性能，反而会降低原车输出功率，不但如此，改装这些不成熟产品还会对发动机造成一些不必要的损伤。

二次进气改装，如图 2-9 所示，其工作原理是对进气的过程进行了小的修改。此装置安装在节气门之后的真空管上，也就是说将通向曲轴箱(PCV 阀)的管子截开，在中间加一个三通阀，这样发动机真空吸入的就不仅仅是曲轴箱里的废气了，还会直接从外界吸入额外的空气来补充到进气歧管里。但由于曲轴箱通风管的位置处于节气门之后，所以额外增加的空气将不计入空气流量传感器，所以喷油系统不会自动调整喷油量。

图 2-9　二次进气改装

曲轴箱通风的根本目的是为了按设计比例消耗掉曲轴箱内的废气，达到环保的目的，所以曲轴箱的进气量都是根据发动机整体调校定好的。而如果加装了二次进气阀，表面上看是加大了进气量，但其实是油气混合气的浓度降低了，燃烧没有原厂设计的充分，即出现真空管漏气现象。相比二次进气改装，电子涡轮似乎更加合理，由于安装位置处于节气门之前，增加进气量会改变空气流量传感器的数据读取，ECU 会对喷油动作进行相应调整，该操作似乎会对动力输出有所帮助，但实际这个改装也是极其错误的。电子涡轮是靠电瓶的 12 V 直流电带动旋转的，实际转速最高值也仅 6000 r/min 左右，这和普通家用电脑 CPU 上面的风扇没有太大区别。不仅如此，电子涡轮的风扇是恒定转速的，而发动机不同转速下对于进气量的需求也是不同的，转速越高，单位时间内的进气量越大，即便在低转速下电子涡轮能够加大发动机进气量，但随着转速升高，电子涡轮内的塑料扇叶不但无法帮助发动机提高进气效率，反而会成为负担，增加进气阻力，降低发动机的最大功率。

2.6　进气系统改装案例

2.6.1　雪佛兰迈锐宝进气系统改装案例

1．改装案例介绍

本案例的改装车型为雪佛兰迈锐宝，改装项目为进气系统，选取改装产品为成品进气套件，产品细节如图 2-10、图 2-11 所示。

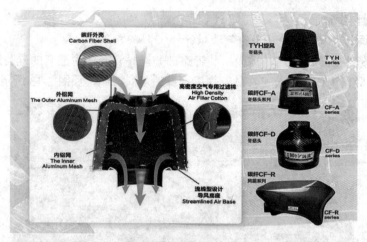

图 2-10　冬菇头细节图

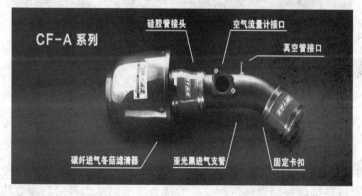

图 2-11　进气套件细节图

　　进气套件由碳纤维集气罩、大流量进气滤芯以及一体式金属进气管组成，如图 2-12 所示。其性能优势较原厂件主要表现为：在合理范围内为发动机提供更大的进气流速及进气量，碳纤维复合材料制成的集气罩以及一体式金属管路较原厂空滤组件更为耐用且质量更轻。因滤芯为可拆洗材料，使用维护成本相对也更低。

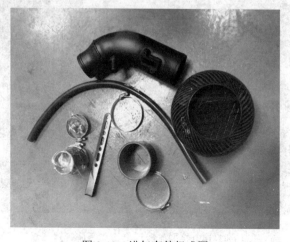

图 2-12　进气套件组成图

2. 改装操作步骤

(1) 拆除原车进气部件总成及空气流量计。

(2) 进气套件安装上车前，需先组装管路部分。先将套件内配套的硅胶连接管与一体式金属管路接驳，为便于安装可在软管内壁涂抹适量润滑脂，如图 2-13 所示。

图 2-13　软管内壁涂抹润滑脂

(3) 安装时根据对接口径正确接驳。因套件为整体设计，所以对接口径分大小端以便于区分安装。大口径接驳金属管路，小口径为接驳节气门端。接驳后需要将配套金属卡箍安装至合理位置并锁紧，将小口径端金属卡箍预先套上,如图 2-14 所示。

图 2-14　接驳硅胶连接管与金属管路

（4）将原车感应器安装在进气铝管上，使用专用螺丝固定紧，并与其他套件一起连接起来，如图 2-15 所示。

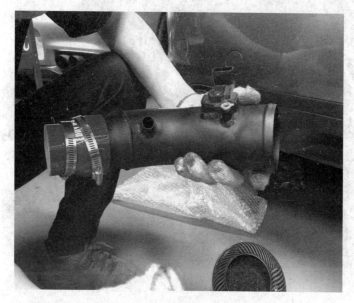

图 2-15 原车感应器安装于进气铝管预留孔位

（5）根据原厂空气进气组件安装位置走向调整管路安装走向，并在确认位置正确后锁紧小口径。将涡流套件与节气门连接，固定好进气套件及连接节气门，锁紧卡扣和其它部件，如图 2-16 所示。

图 2-16 固定进气套件与节气门

（6）用配好的固定支架找到合适的位置固定，随后将套件内配套的硅胶软管的一端套接于一体式金属管路上预留的安装位，用配套金属卡箍锁紧。另一端与原车曲轴箱强制通风阀的通气管接驳，并用配套金属卡箍锁紧，如图 2-17 所示。

图 2-17　接驳硅胶连接管与金属管路以及其他部件

(7) 将碳纤维进气罩及滤芯组成的总成用套件内配套的硅胶链接管与金属进气管的另一端连接，并用金属卡箍锁紧，如图 2-18 所示。

图 2-18　接驳冬菇头

(8) 将感应器的线束插头接插至空气流量计传感器上，重新检查各接口部分是否已经牢固对接，线束部分是否接插到位。确认无误后，启动发动机，检查是否正常，如无异常安装完毕，如图 2-19 所示。

图 2-19　安装完毕

3．安装注意事项

(1) 安装前务必确保汽车在熄火状态下，再安装或拆除涡流进气套件。

(2) 安装其他部件完成后，使用原装支架固定。确保稳固后才可启动引擎，如打不着火的情况请检查：① 空气流量计座是否安装好；② 节气门接口是否密封完整；③ 管径方向是否相反。

(3) 安装完成后汽车有不匹配状况，当故障灯亮起时，可以到当地 4S 专卖店消除故障码。

4．保养及清洗

1) 保养注意事项

每行驶 5000 公里左右，应对冬菇头进行拆除保养清除灰尘。行驶每次隔 20 000 公里左右，应对冬菇头进行清洗保养。

(1) 拆除冬菇头后，用软毛刷子清扫海绵上的杂物及尘埃，并用风枪对着冬菇头吹掉灰尘。

(2) 清洗前，将洗洁精均匀喷洒于冬菇头的表面使其净渍，5～8 分钟后用清水清洗。

(3) 冲洗时，用低压水力从干净面向污渍面冲洗，即可冲掉灰尘杂物。

(4) 冲洗后，甩掉冬菇头水分，自然干或者用吹风机吹干即可使用。

(5) 完全干燥后，重新安装套件即可顺畅如初。

2) 清洗注意事项

不良清洗剂的选用会破坏冬菇头的海绵质量。

(1) 禁止使用强酸强碱清洗剂清洗。

(2) 禁止使用汽油或蒸汽清洗。

(3) 禁止使用具有溶解性清洁剂清洗。

(4) 禁止使用腐蚀性清洗剂清洗。

2.6.2 奥迪 RS3 进气系统改装案例

1. 改装案例介绍

本案例的改装车型为奥迪 RS3，改装项目为进气系统，选取改装产品为 injen 成品进气套件，产品细节如图 2-20 所示。

图 2-20　injen 成品进气套件

此改装进气组件由热压纤维集气罩、大流量进气滤芯以及一体式金属进气管组成的总成套件，其性能优势较原厂件主要表现为：在合理范围内为发动机提供更大的进气流速及进气量，热压纤维材料制成的集气罩以及一体式金属管路较原厂空滤组件更为耐用且质量更轻。因滤芯为可拆洗材料，使用维护成本相对也更低。

改装进气系统过程中所需工具如图 2-21 所示。

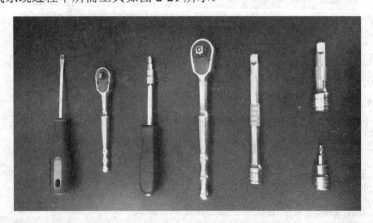

图 2-21　改装工具

2. 改装操作步骤

(1) 将车辆原装进气组件及发动机周边覆盖件拆除，如图 2-22 所示。

图 2-22 拆除原厂进气组件

(2) 改装进气组件安装上车之前，需预先组装好管路部分。为了便于安装，可先取适量润滑脂均匀涂抹在软管内壁上，接着将套件内配套的硅胶连接管与一体式金属管路接驳；取出滤芯本体(冬菇头)安装在管路上，使用一字起将滤芯固定卡箍锁紧，注意此时不要锁紧硅胶管两端的金属卡箍，如图 2-23 和图 2-24 所示。

图 2-23 锁紧冬菇头

图 2-24 预装金属卡箍

(3) 完成集气箱罩壳的组装，安装时需根据对接口位置正确接驳。由于改装进气套件采用整体设计，螺丝安装位置设计为三点布局，以便于区分对位。接驳后需检查孔位处橡胶密封环是否正确安装，然后用十字起将螺丝按次序均匀锁紧(注意适当紧固即可，不可过分用力)，如图 2-25 和图 2-26 所示。

图 2-25 集气箱罩壳组装

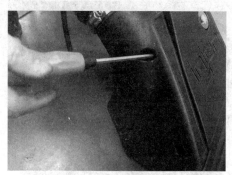

图 2-26 集气箱罩壳接驳

(4) 取适量润滑脂涂抹于进气总成底部的橡胶卡环上，接着使用一字起等工具将进气总成安装在车体之上，如图 2-27 和图 2-28 所示。

图 2-27　橡胶卡环涂抹润滑脂

图 2-28　进气总成安装上车体

(5) 完成进气总成和水箱框架的安装；安装时需特别注意进气总成和水箱框架两者之间的安装间距。进气总成的前段部分应卡入水箱框架上装饰板下，即图 2-29 中两手指所指两者间距，如图 2-29 和图 2-30 所示。

图 2-29　注意安装间距

图 2-30　前段安装

(6) 在进气总成的两端，即图 2-31 中手指处安装位需要用梅花槽扳手将两颗螺栓紧固，如图 2-31 和图 2-32 所示。两端的螺栓紧固后，进气总成的安装位置就已经固定，十分稳固，如图 2-33～图 2-35 中手指处所示。

图 2-31　螺栓位置

图 2-32　螺栓孔

图 2-33　紧固螺栓

图 2-34　紧固后的螺栓

图 2-35　整体位置

(7) 图 2-36 中手指部分为套件上附带的真空管。

图 2-36　真空管

① 将套件上的真空管与车辆真空管接驳(此管路为原厂设计,替换拔插即可),如图2-37所示。

图 2-37　接驳真空管

② 接驳后将管路固定在束线卡上，如图2-38和图2-39所示。

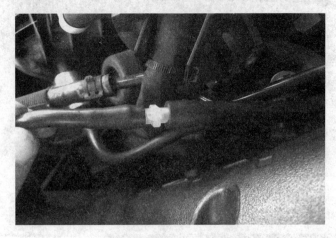

图 2-38　接驳后的示意图

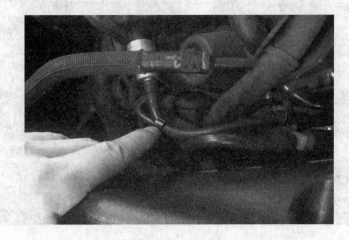

图 2-39　管路紧固

③ 将进气套件的另一端硅胶软连接管与涡轮进气端相连，如图 2-40 和图 2-41 所示。

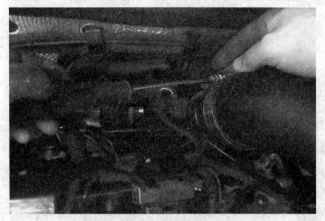

图 2-40 接驳橡胶软管

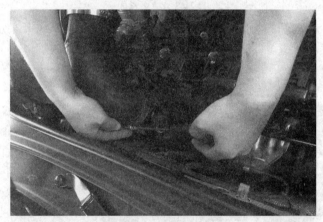

图 2-41 预紧卡箍

④ 根据原厂空气进气组件安装位置走向调整管路安装走向，并在确认位置正确后，用一字起锁紧小口径即涡轮进气端位置的金属卡箍，如图 2-42 和图 2-43 所示。

图 2-42 确定位置

图 2-43 最终紧固

(8) 全部施工完毕后，检查各接口部分是否已经牢固对接，线束部分是否接插到位。确认无误后，将发动机覆盖件复装，施工完毕，如图 2-44 所示。

图 2-44 施工完毕

第三章　排气系统改装

东京改装车展是日本汽车改装者一年一度的祭典，亦有人称为 Motorshow。作为全球瞩目的三大改装展之一的东京改装展，排气系统的改装非常普遍。首先，改装爱好者会首选一些生产工厂认可的专业排气系统进行升级。其次，日本有详细的排气管改装法规，规定了噪声、污染等一系列要求，所有改装的排气管会有一个 JASMA 的认证标志才算合法。

按照汽车发动机的四个行程——进气、压缩、做功、排气来看，排气效能的好坏直接关系到引擎效能的优劣。在进气增加、燃烧完好的同时，排气效率亦需加强，高性能的排气管和消音器成了追求动力车主的目标。在同样改装了进气和点火系统后，排气系统的改装与否对汽车的整体表现影响很大，排气系统经过改良后的汽车运行顺畅、加速迅捷，而未改装的汽车表现就略逊一筹了。

目前，市面上主流的排气系统品牌有 REMUS、Sebring、XCENTRIC 等。

奥地利 REMUS，中文名称是"雷姆斯"，始建于 1990 年，其标志如图 3-1 所示，发展至今规模已拓展至 32 000 平方，总制造面积超过 27 000 平方。在 REMUS 的经营理念当中，赛车运动占有很重要的地位，成立之初就将产品投身至各种赛事之中，并逐渐成为多项赛事的赞助商和合作伙伴。也正是这个理念，让 REMUS 在排气改装业内有着创新与领导者的地位，是运动排气领域的领军者。REMUS 采用尖端技术生产产品，保证每件产品都具有相同的品质。REMUS 拥有的声音实验室规模在欧洲也是屈指可数，2010 年增设了全新研发中心，为杜卡迪、KTM、梅赛德斯、保时捷、兰博基尼、宾利、捷豹、路特斯、路虎、宝马等欧洲原厂研发配套排气系统。

图 3-1　REMUS 标志

产自奥地利的 Sebring 排气管具有超过五十年的历史，Sebring 代表着跑车排气管的最高品质，其标志如图 3-2 所示。Sebring 浓缩了跑车排气管的精髓，从 1963 年建立至今，Sebring 产业已成功地生产了汽、机车以及跑车排气管，并以其响亮的声音、出色的外型设计及有效的马力提升闻名全球。Sebring 的 Logo 来自古希腊的人头马，象征着 Sebring 科技与动力(Power and Technology)的哲学。排气管生产的组织编制可能会被抄袭，但是 Sebring 团队的精神与理念是无法复制的。Sebring 的每个员工都受过专业训练，因此都会调试车子。

拥有最新高科技的厂房及最现代化的沟通方式让 Sebring 每支排气管都达到卓越的表现。即使是在 21 世纪，良好的工艺技术仍是非常重要的，但 Sebring 高效能跑车排气管，不只需要技术，更仰赖 Sebring 专家的知识。

图 3-2　Sebring 标志

　　XCENTRIC 于 2008 年成立于德国凯尔，目前位于法国米卢斯，其标志如图 3-3 所示。虽然 XCENTRIC 是个年轻的品牌，但是在很多方面都弯道超车众多老牌排气系统。XCENTRIC 排气系统不仅能有效地提高汽车性能、改善外观声音同时保持车辆的安全可靠性。XCENTRIC 所提供的改装系统不仅仅使汽车变得更个性化，同时也能满足车主不同场合的不同使用需求，无论是赛道用车还是日常的上下班交通都能随之做出改变。XCENTRIC 的产品具有非凡的品质，是激情、经验和不断创新的综合，所有排气系统都是通过精密计算设计实现，性能测试不仅在赛道上进行，同时，也在台架机上测试，从而获得实验数据。

图 3-3　XCENTRIC 标志

3.1　排气系统概述

3.1.1　排气系统的工作原理及作用

　　汽车排气系统用来排放发动机工作时所产生的高温废气，降低废气污染和噪声污染。其工作原理：气缸内的废气从连接燃烧室的排气口经由排气歧管、排气管前中段(包括三元催化转化器)和排气管尾段(俗称尾排)，最后由排气尾管排放到大气中。

　　排气系统具有以下作用：

　　(1) 引导发动机排气，使各缸废气顺畅地排出。

　　(2) 由于排气门的开闭与活塞往复运动的影响，排气气流呈脉动形式，排气门打开时存在一定的压力，具有一定的能量，气体排出时会产生强烈的排气噪声，气体和声波在管道中摩擦也会产生噪声，因此在排气系统通过排气消声器来降低排气噪声。

(3) 降低排气污染物 CO、HC、NOx 等含量，达到排气净化作用。

3.1.2 汽车排气系统类型

汽车排气系统分为单排气系统和双排气系统(如图 3-4 所示)。

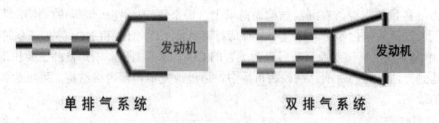

图 3-4 V 型发动机排气系统示意图

1. 单排气系统

只有一套消音、催化转换装置及一个排气尾管。直列式发动机采用单排气系统。有些 V 型发动机有两套排气歧管，两套排气歧管通过一条叉型管将两套排气歧管连接到同一个排气管上，这样的系统称为单排气系统。

2. 双排气系统

有两套消音、催化转换装置及排气尾管。有些 V 型发动机采用双排气系统，有两个排气支管，各用一套催化转换装置、消声器、排气尾管，车尾可以看到两个排气口。双排气系统降低了排气系统内的压力，使发动机排气更为顺畅，气缸中残余的废气更少，因而可以充入更多的空气与燃油混合气或洁净的空气，发动机的功率和转矩都相应的有所提升。

3.1.3 排气系统的结构及组成

典型的排气系统结构如图 3-5 所示。一个完整的汽车排气系统包括排气歧管、三元催化器(前级)、三元催化器(后级)、波纹管、消声器(中级)、消声器(后级)和排气尾管等部分组成，有时也包含了尾饰管和共振器。

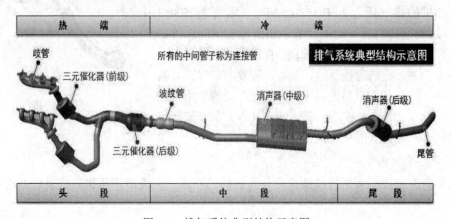

图 3-5 排气系统典型结构示意图

原厂按排气温度的高低将排气系统分为热端和冷端。在日常城市路况驾驶过程中，发动机转速为 1500～2500 r/min 时，热端排气歧管处的温度为 500℃～600℃，冷端排气尾管处的温度为 200℃～300℃。在改装市场，通常按位置将排气系统分为头段、中段和尾段。排气系统各个部件通过焊接、法兰或卡箍相连以保证不漏气。

排气歧管与发动机气缸排气口相连，排气歧管的几何结构将影响歧管内气流的流动形态和歧管回压，从而影响发动机的废气排出效率，最终会影响发动机的性能。三元催化器的主体为蜂窝状的陶瓷，在蜂窝结构表面喷上含贵金属(铂、铑、钯等)的涂层，当高温的汽车尾气通过三元催化器时，尾气中的有毒有害气体 CO、HC 和 NO_x 等在贵金属(作为催化剂)的作用下发生氧化还原反应转变为无害的 CO_2、水和氮气。消声器的主要作用为降低噪声，达到舒适驾驶的目的。在改装市场中，通过改变消声器内部结构，可以达到调节排气声浪的效果。

1. 排气歧管

排气歧管与引擎缸盖排气口相连，作用是将燃烧后的废气排出气缸。一般排气歧管由铸铁或球墨铸铁制造，近些年来采用不锈钢排气歧管的汽车愈来愈多，其原因是不锈钢排气歧管质量轻、耐久性好、内壁光滑、排气阻力小。排气歧管的形状十分重要，为了不使各缸排气相互干扰及不出现排气倒流现象，并尽可能地利用惯性排气，应该将排气歧管做得尽可能地长，而且各缸支管应该相互独立、长度相等。好的排气歧管设计会令发动机排气顺畅、功率提高。不锈钢排气歧管如图 3-6 所示。

图 3-6　不锈钢排气歧管

2. 排气管

从排气歧管以后的管道，均属排气管。共有三段排气管，中间分别安装催化转换装置与消声器。排气管如图 3-7 所示。

3. 消声器

1) 作用

发动机的排气压力为 0.3～0.5 MPa，温度在 500～700℃，这表明排气有一定的能量。由于排气的间歇性，在排气管内会引起排气压力的脉动。若将发动机排气直接排放到大气中，将产生强烈的、频谱比较复杂的噪声，其频率从几十赫兹到一万赫兹以上。排气消声器的作用就是降低排气噪声。消声器通过逐渐降低排气压力和衰减排气压力的脉动，使排气能量耗散殆尽。

图 3-7　排气管

2) 分类及结构组成

汽车消声器按消声原理与结构可分为抗性消声器、阻性消声器和阻抗复合型消声器三类，如图 3-8 所示。

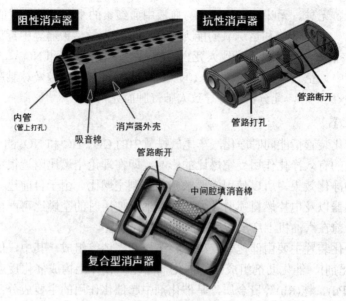

图 3-8　三种类型的汽车消声器

(1) 抗性消声器：是在内部通过管道、隔板等部件组成扩张室、共振室等各种消声单元，声波在传播时发生反射和干涉，通过降低声能量达到消声目的。抗性消声器消声频带有限，通常对低、中频带消声效果好，高频消声效果差，货车多采用抗性消声器。

(2) 阻性消声器：是在内部排气通过的管道周围填充吸声材料来吸收声能量达到消声目的。阻性消声器对中、高频消声效果好，单纯用作汽车排气消声器较少，通常是与抗性消声器组合起来使用。

(3) 阻抗复合型消声器：是分别用抗性消声单元和吸声材料组合构成的消声器，它具有抗性、阻性消声器的共同特点，对低、中、高频噪声都有很好的消声效果。

在排气管出口处装有消声器，使废气经过消声后进入大气。一般采用 2～3 个消声器。主要包括主消声器(排气鼓，俗称死气喉)和副消声器(中鼓)。

消声器一般用镀铝钢板或不锈钢板制造。通常消声器由共振室、膨胀室和一组多孔的管子构成，有的还在消声器内充填耐热的吸声材料，吸声材料多为玻璃纤维或石棉。排气经多孔的管子流入膨胀室和共振室，在此过程中排气不断改变流动方向，压力和压力脉动逐渐降低和衰减，能量消耗，最终使排气噪声得到消减。

有时只靠消声器仍达不到汽车排气噪声的标准，这时便需要在排气系统中装置类似于小型消声器的谐振器。谐振器与消声器串联，可以进一步降低噪声水平。消声器安装在催化转换器与排气尾管中间且靠近汽车中心的位置。但有时由于空间的限制，常把消声器安装在汽车尾部，这时由于消声器温度较低，会有较多的水蒸气在消声器内凝结为水，会使消声器生锈。

4. 三元催化转化装置

1) 发动机的有害排放物

以活塞式内燃机为动力的汽车是城市大气的主要污染源之一。汽车排放的污染物主要有一氧化碳(CO)、碳氢化合物(HC)、氮氧化合物(NO_x)和微粒。CO 是燃油不完全燃烧的产物，是一种无色、无臭、无味的气体，它与血液中血红素的亲和力是氧气的 300 倍，因此当人吸入 CO 后，血液吸收和运送氧的能力降低，导致头晕、头痛等中毒症状，当吸入含容积浓度为 0.3%的 CO 气体时，可致人死亡。NO_x 主要是指 NO 和 NO_2，产生于燃烧室内高温富氧的环境中。空气中 NO_x 浓度在 $10\sim20$ ppm 时可刺激口腔及鼻黏膜、眼角膜等，当 NO_x 超过 500×10^{-6} 时，几分钟便可导致人肺气肿而死亡。

2) 三元催化器

三元催化转化装置指能同时净化汽车尾气排放中的 CO、HC 和 NO_x 的后处理装置。三元催化转化装置的有效净化作用受空燃比的影响，即在理论空燃比附近很窄的空燃比范围内才具备有效的净化效果，所以使用中要求精确控制空燃比。由于目前已开发应用了催化剂技术和氧传感器以及电控燃料喷射技术，使汽油机使用时的空燃比可严格控制在理论空燃比上，所以目前在汽油机上广泛应用三元催化转化装置。

三元催化转化装置主要由催化剂、载体、垫层和壳体等组成。其中，催化剂是由活性成分(也称主催化剂)、催化助剂组成。将催化剂固化在载体上构成催化反应床，常用催化剂有铂(Pt)、钯(Pd)、铑(Rh)等贵金属，是催化剂中起催化作用的主要成分；但钯易受铅的腐蚀，而铂易受热劣化，所以实际应用时以铂\钯组合形式使用。对车用催化剂，催化反应是在催化剂表面发生，所以为了提高主催化剂的有效利用率，采用 Ni、Cu、V、Cr 等软金属作为添加剂使用。在催化转化装置中采用催化剂的目的，是为了改善催化剂的催化性能，提高主催化剂的选择性和耐久性。具有代表性的催化助剂是二氧化铈，它具有在氧化(稀薄)侧吸藏氧气、在还原(浓)侧放出氧气的特性；还具有扩大高效率净化 HC、CO、NO_x 三成分的空燃比范围的效果。图 3-9 和图 3-10 分别为三元催化器工作原理图和实物图。

图 3-9 三元催化器工作原理

图 3-10 三元催化器实物

5. 汽车排气波纹管

汽车排气波纹管又称汽车排气管软管(如图 3-11 所示)，它安装于发动机排气支管和消声器之间的排气管中，使整个排气系统呈挠性连接，从而起到减振降噪、方便安装和延长排气消声系统寿命的作用。排气波纹管的结构是双层波纹管外覆钢丝网套，两端直边段外套卡环的结构，为使消声效果更佳，波纹管内部可配伸缩节或网套。波纹管的主要材质是不锈钢 SUS304，卡套和接管材质可为不锈钢或镀铝钢。

图 3-11 排气波纹管实物

3.2 排气系统的改装目的

在进行汽车改装前，必须先了解排气系统的两个最重要特性：回压和声音。

3.2.1 回压控制及动力影响

1. 回压以及影响回压的因素

通俗一点来讲，回压就是用来衡量尾气排出阻力的指标。与水流在水管中流动会受到阻力的道理相同，由于排气系统歧管、连接管、消声器等的壁面并不是完全光滑的，存在微小的凹凸，因此尾气在排气系统中高速流动(最高可达 180～200 m/s)的过程中会与这些微小的凹凸产生摩擦，也即对尾气排出产生了阻力。同时，连接管弯曲、连接管与消声器、三元催化器截面不连续等原因也会对高速流动的尾气产生阻力。所有这些阻力的衡量指标，统称为回压(或称背压、压力损失)，回压的常用单位为压力单位千帕(kPa)。排气温度越高或连接管管径越小，尾气的流速就会越高，这些阻力也会越大，因而回压也越大。尾气流动特性通常可使用专业流体分析软件计算得到，图 3-12 和图 3-13 为尾管处湍流动能分析结果，其中"形状"部分仅为几何形状示意，并非按几何尺寸显示图例。通过计算弯管、管径、截面不连续和不同温度下回压的数值，可以清晰地了解结构和环境对回压的影响。原厂消声器大多采用细管径和突变截面的消声器，因此回压相对较大，当然噪声也会更小。

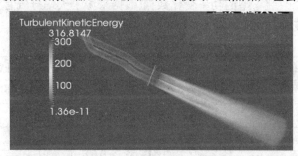

图 3-12 排气尾管处湍流动能分析

尾气	结构	形状	回压
流量：600 千克/小时 温度：500℃	管径 50 毫米，1 米长直管		2.9 千帕
	管径 70 毫米，1 米长直管		0.6 千帕
	管径 50 毫米，包含 1 个 90 度弯管，管路总长 1 米		3.9 千帕
	管径 50 毫米，包含 1 管径为 200 毫米，长度为 500 毫米的粗管，管路总长 1 米		13.1 千帕
流量：600 千克/小时 温度：800℃	管径 50 毫米，1 米长直管		4.2 千帕

图 3-13 排气尾管处湍流动能分析结果

2. 回压对发动机性能的影响

当物体受到阻力的时候，需要用外力来克服阻力。尾气要顺利地排出排气管，也需要消耗发动机产生的一部分能量，那这部分能量占发动机功率的比例大概是多少呢，下面来举例说明：假设整个排气系统的回压为 60 kPa，尾气流速为 130 m/s，排气管直径为 65 mm，排除回压的影响，发动机能产生的功率为 250 kW。

第一步：计算推动尾气排出所需要的力有多大。

$$F = P \times S = 60\,000 \times \frac{\pi \times 0.065^2}{4} = 199 \ \text{N}$$

第二步：计算推动尾气排出所损耗的功率。

$$功率损耗 = F \times V = 199 \times 130 = 25.9 \ \text{kW}$$

第三步：计算功率损耗占发动机输出功率的比例。

$$功率损耗比例 = \frac{25.9}{250} \times 100\% = 10.4\%$$

结论：本算例中排气回压对发动机功率的损耗为 10.4%，这部分损耗也是非常可观的。通常排气系统头段的回压是中尾段回压的 1.5～2 倍。大部分排气改装只通过对中尾段改装来降低回压(常见的方法有加粗排气管和采用直通消声器等)，一般来说可降低 8～15 kPa 的回压，可提升的功率约为 3.5～6.5 kW(1.4%～2.6%)，这么小的功率提高在正常驾驶过程中很难有明显的动力提升感觉。如果想通过降低回压来提升发动机功率，更为有效的办法是把头段的三元催化器去掉，但这会造成严重的空气污染，不鼓励进行这样的改装。表 3-1 列出了天蝎排气几个改装车型的功率变化数据(数据来源于天蝎排气官方网站)，该表清晰地列出排气系统改装对发动机性能的影响。

表 3-1 功率变化数据

改装部位	车型	原车/kW	天蝎/kW	功率提升/kW	功率提升率/%
中尾段	宝马 335i	222.9	227.6	4.7	2.1
	奥迪 S6	314	316.4	2.4	0.76
	奔驰 AMG C63	334	340.5	6.5	1.9
	保时捷 Panamera	359.1	359.7	0.6	0.2
头中尾段	高尔夫 7	167.4	175.6	8.2	4.9

3. 回压不是越低越好

太低的回压会降低发动机的低转速扭矩(简称低扭)，其根本原因是因为：首先，发动机排气是有时间间隔的，转速越低，间隔越长。例如当某 4 缸机转速为 1200 r/min 时，相邻两次排气的时间间隔约为 0.1 秒，如果排气回压过小，进入排气系统的尾气大部分可以在这 0.1 秒的时间内顺畅地排出，此时排气歧管处的气体压力就会明显低于发动机气缸内气压，而气压差导致产生了从发动机气缸至排气管方向的吸力。这就好比用吸管喝饮料一样，将吸管内气体吸掉，吸管内形成低压，从而形成饮料至吸管方向的吸力，此吸力将饮料吸进人嘴里。同时，发动机的进排气过程在时间上是有重叠的，也就是排气阀门还未关闭，进气阀门已经打开，部分进入发动机气缸的燃油混合气被气压差吸力从排气阀门随尾气一起进入排气管排掉，这部分燃油损耗直接导致了发动机低扭的降低。那么，为什么发动机高转速时，吸力不会将燃油吸走排掉呢？这是因为发动机高转速时，相邻两次排气的时间间隔短，高转速时产生的大量废气无法在短时间内顺畅地从排气管排出，导致排气歧管处的压力和发动机气缸内的压力相当，因此不会形成较大的压力差，从发动机气缸至排气方向的吸力也就不大，不足以吸走进入发动机气缸的燃油混合气。图 3-14 为发动机进排气示意图。

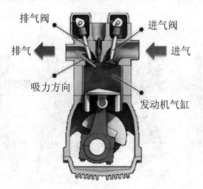

图 3-14　发动机进排气示意图

3.2.2　排气声浪与共振

声音的三大要素是声源、传播和接收。传播靠的是介质，例如空气、水和钢管等物质，声源是激发介质振动的物体，例如排气声浪是发动机排出尾气，尾气在排气管内振动而产生的，而人耳是一种接收装置。介质振动会产生分子的稀疏区和稠密区，这就是常说的声波(和水波类似)。相邻的分子稠密区(或稀疏区)距离的长短决定了声波的频率，此距离越长，声音频率越低(低音)，此距离越短，声音频率越高(高音)。排气声浪中和发动机相关的声波频率一般不超过 1000 Hz，其中低于 100 Hz 的部分可认为是低音，100～300 Hz 可认为是中音，高于 300 Hz 属于高音，这和正常的音乐低中高音划分是不一样的。声音的大小用分贝来表示，正常讲话的声音大约为 60～70 dB，F1 赛车的声音可达 100～110 dB。图 3-15 为声音产生机理。

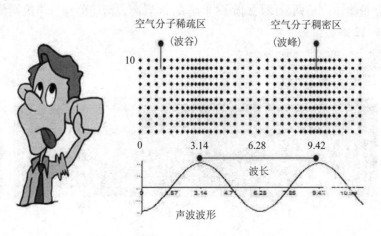

图 3-15　声音产生机理

1. 排气声浪的产生原理

发动机的工作原理如图 3-16 所示。常见的 4 冲程发动机有 4 个工作环节："1—进气"、"2—压缩"、"3—点火"和"4—排气"，相邻的两次排气过程中间间隔着另外 3 个工作环节，所以排气管内的气体压力是不连续的，而不连续的气体压力产生了气体分子的稀疏区和稠密区，这和前面讲到的声音产生机理一样，排气声浪就是这样由发动机尾气周期性排出产生的。

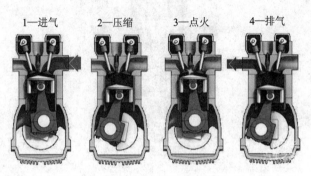

图 3-16 发动机的工作原理

2. 排气声浪的特点

排气声浪分为两部分：一部分是和发动机周期性旋转相关的，称为阶次声；另一部分是尾气流动然后排放到空气中产生的咝咝声，称为气流声。改装排气追求的声浪均为阶次声。为了突出阶次声，需要降低气流声，通常采取的办法是使用吸音棉吸声和将排气尾管加粗，降低尾气的流动速度，从而降低气流声。

阶次声又可分为很多部分，根据发动机缸数的不同，阶次声名称也不同，如 4 缸机对应的为 2 阶、4 阶和 6 阶等，6 缸机分为 3 阶、6 阶和 9 阶等。专业的排气声浪设计通常会将排气声通过专业设备录下来并进行分析，得到彩色频谱图。以某 4 缸机排气声浪频谱(见图 3-17)为例，横轴方向为声音频率，纵轴方向为发动机转速，斑点为气流声。例如 1200~1500 Hz 的排气声浪频段均为气流声，50~450 Hz 区间的一条条斜线代表的是阶次声。第一条明显的斜线为 2 阶阶次声，第二条为 4 阶，依此类推。通常来讲，声音低沉有力的排气声浪，其能量集中在前两阶(即 2 阶和 4 阶)，声音高亢清脆的排气声浪则集中在更高阶次(6、8、10、12 阶甚至更高)。

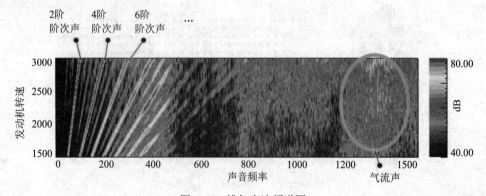

图 3-17 排气声浪频谱图

以宝马 335i 的排气改装为例，其搭载的是 6 缸 3.0T 的发动机，所以主要的阶次声为 3 阶，频率集中在 300 Hz 附近，从图 3-18 可以看到天蝎排气和原厂排气的区别在于天蝎的 3 阶阶次声比原厂的要大，天蝎的其他阶次声也比原厂的更为清晰，另外，从图 3-18 中 3 阶阶次声的错位位置也可以判断出换挡时间点。

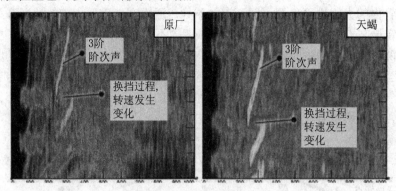

图 3-18　宝马 335i 天蝎排气声浪与原厂排气声浪频谱对比

3. 了解排气共振并消除排气共振

改装了排气之后可能会产生共振。排气共振分为两种，一种是声音上的共振(也叫共鸣)，一种是振动上的共振。振动上的共振：排气管的振动是由发动机运转产生的振动引起的，通常在三元催化器之后和排气中段之前安装波纹管来降低传递到中尾段的振动，这种波纹管相当于一个弹簧减震系统。经过合理设计的波纹管可以衰减掉大部分沿排气管传播的振动，但仍有部分剩余的振动将继续沿排气管传播。

任何物体都有固定的振动频率，排气管也不例外。除此之外，物体每个部位的振动大小也是有规律的，有些地方振动量始终很小，有些地方振动量始终很大。如果将排气挂钩安装在这些振动量始终很大的地方，经波纹管衰减后的振动频率和排气管的固有频率也正好吻合，那么振动将被放大且通过挂钩带动地板振动，车内人员将感觉到明显的地板振动，同时地板振动也会产生声音，这将加剧车内人员的不舒适感。一般来说，排气系统改装仍然在原厂挂钩位置进行，这样也不一定就可以避开振动量始终很大的地方，因为原厂的连接管管径、消声器大小和尾管在改装过程中都发生了变化，整个排气系统的固有频率和振动量大小的位置也发生了变化，选择原厂位安装挂钩只是为安装提供了便利。为了避免排气管的振动共振，最有效的办法是对挂钩结构、位置和波纹管进行优化，尽可能降低发动机传递的振动和避开振动量大的地方，但这需要大量复杂的计算和实验，目前仅少部分原厂研发中心具备这样的能力。振动分布图如图 3-19 所示。

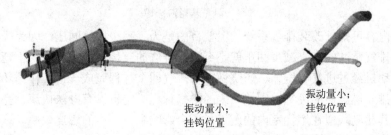

图 3-19　振动分布图

下面介绍声音的共振。振动传播的媒质是固体结构，共振是发动机的振动和排气管的结构固有特性相吻合导致的。类似地，排气声浪传播的媒质是空气，那么声音的共振就是发动机的排气声浪与排气管中的空气固有特性相吻合导致的。排气声浪在传播过程中会在排气管内形成驻波，与振动在排气管不同位置振动量大小存在差别一样，因为驻波的存在，声音在排气管内的大小也因位置不同而存在差异，通常在消声器内部管路断开处是声音的最低点，声音最高点的个数和位置则因声音频率的不同而不同。如图 3-20 中，驻波 1 的声音最高点在两个消声器的中间，而驻波 2 存在两个声音最高点，说明驻波 2 的频率是驻波 1 的两倍。当发动机的排气声浪频率和连接管驻波的频率吻合时，就产生了声音的共振。共振声从排气尾管传播出来进入车厢，如果和车厢的固有频率也正好吻合，那么共振声会被再次放大，这将影响驾驶的舒适性。

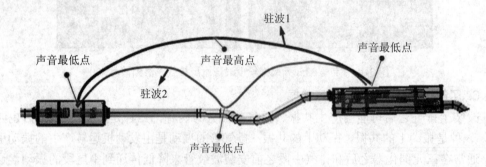

图 3-20　声学管路共振

对于幅度较小的声音共振，通常不需要采取特殊的措施，而对于幅度较大的声音共振，则需要通过专业软件进行计算来设计共振器以降低声音共振。图 3-21 为共振器实物图。

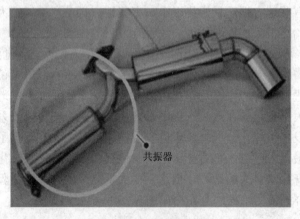

图 3-21　共振器实物

由上述内容可知，改装排气系统的主要目的是为了减少排气回压，因为排气管内部的压力，阻碍排气脉冲的力。减少回压就是令吸、排气的交替更加顺畅，等于延长气门的重叠时间。发动机经过进气、压缩、燃烧做功、排气四个行程完成一个工作循环，如果排气管无法迅速排光燃烧后的废气，则接下来的进气行程必定也没有办法快速、完全地吸入新鲜空气；尤其此刻残留在燃烧室内的废气，还会影响到下一次的燃烧效率，这样一来，动力表现自然不会理想，这便是为何要升级排气系统的目的。

3.3 排气系统的改装

在进排气系统改装中，排气系统的改装更为受到欢迎，因为排气系统尤其是其尾段不但露于车外清晰可见，而且还可以发出慑人的音频和声响，是少数能直接为车主提供视觉与听觉双重感观刺激的改装部件。原厂的排气系统由于要顾及成本、噪声污染和各地不同的排放标准等限制，在设计时都会非常保守，并会在一定程度上因排气效率不高而限制了发动机的性能表现。所以排气系统的改装也常常能为车主带来意想不到的收获。

一般的排气系统改装只涉及排气管的尾段，可适当加大排气管尾部的直径及改变消声器的结构形式，使得单位面积内通过的气流增加，从而使废气排放更为顺畅。排气系统最基本的改装就是在排气管的末端套上一个美观的不锈钢护套，其优点是价格便宜、安装方便且不会对原车有任何影响。较深层次的改装可以锯掉原车排气管的尾段，在截断部位加焊特制尾喉，或者直接更换由不同品牌推出的原装专用车型尾喉。这种尾喉由不锈钢制成，它最大的特点是可以发出一种低频声音，音质虽然低沉却很清爽。但如采用这种改装方式，车主就必须放弃原厂汽车排气管尾段。

更深层次的改装重点在排气管的前中段和排气歧管。排气管前中段的改装涉及三元催化转化器和排气管内壁与直径的改装，排气歧管的改装涉及排气线路的安排。图3-22为IPE公司生产的VW MK7产品总成外观，适用车型为GOLF GTI 7。

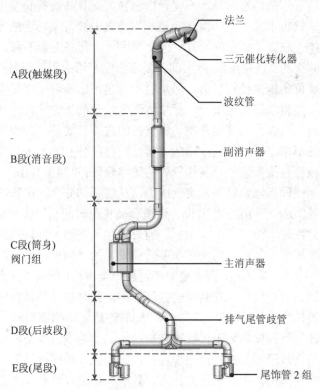

图 3-22　IPE VW MK7 产品总成外观

在排气系统的改装上，应尽可能扩大自由排气阶段气缸内和排气管内的压力差，充分利用排气惯性，降低排气阻力和排气管内残余废气的压力，减少残余废气的含量，最终使得排气顺畅、快速，提高容积效率，获得更好的动力性能。为使排气系统获得更高的排气效率，需充分利用排气系统在工作时产生的"回压(背压)"和"吸嗳"效果。适量的回压可使排气系统产生良好的吸嗳效果，原理是：若排气管直径适中，第一波被排出气缸的废气在膨胀后紧逼排气管内壁向下游快速排出，同时在上游部分产生一个低压区，吸嗳发动机排出的第二波废气，而第二波废气在紧逼排气管内壁向外排出时在其后方产生的低压又在吸嗳第三波废气，依此类推，使发动机在不费劲地完成排气动作之余，排气效率也比完全不用排气系统更高，残余在气缸内的废气更少，而气缸内可容纳供燃烧用的新鲜空气也更多。所以，只有充分利用回压和吸嗳效果，排气系统才能达至较高的性能。

注意事项：刚行驶完的汽车排气管仍旧有很高的温度，因此需佩戴隔热手套进行排气管的换装，或者待温度降低后再行换装，避免烫伤。当设定排气阀门自动开启时，请勿让阀门过早开启，以避免产生共振，建议将阀门的开启设定在踩踏至油门六成。

3.3.1 排气歧管的改装

在排气管的升级中，排气歧管(俗称"芭蕉头")的改装是排气系统改装中重要的部分，其升级主要在于等长化。由于对长度、弯度和盲径的严格要求，因此排气歧管的开发和制作成本高；但排气歧管设计的优良与否对整套排气系统的吸嗳效果起着举足轻重的作用。大部分原厂的排气歧管都是铸造制品，不仅管内粗糙，而且各歧管长度也不相同，加上接合的方式、距离、形状也不够周全，因此容易产生排气干涉现象，造成各缸排出的废气相互冲突而阻滞；而排气歧管又最靠近气缸，因此对进气、燃烧更为不利。

改装厂商设计制造的"芭蕉头"，绝大部分采用内壁平滑的不锈钢材料，有些厂商还在歧管底座与转角的部位实施熔接和研磨，尽量缓和弯角，以实现减小阻力、加速气流的作用。另外他们还尽可能将歧管长度统一，尽量消除各歧管的压力差，这样做有利于后段排气管的背压设定，而且可以大幅度提升发动机气缸的进排气效率。关于集合部位的形式，一般对四缸发动机的车型来说，排气线路的安排分两种："四出一"，与四缸发动机联动部分出来的四根排气歧管直接汇总至一条排气管的管路设计；"四出二出一"，两根排气歧管先汇总成一管，再加一段膨胀室以降低废气压力，从这两部分分流出来的废气最终汇总成一条排气管。传统概念是："四出一"的设计更适合高转速时的废气波动频率，有助于汽车在高转速时提升动力性能；而"四出二出一"的设计则更有利于低转速时的转矩输出，所以更适合日常市内工况行车之用。但现在很多最新设计的"四出二出一"排气歧管能同时改善发动机在中、高转速时的表现，所以更能满足用户全方位的要求。另外，"四出二出一"的改装方法需要拆卸原有排气管，安装新的排气管路，此时如选择较佳的排气管，就可以得到"魅力十足"的排气声及较高的排气效率，同时还能兼顾美观与耐用性。

上述等长排气歧管不仅仅局限于自然吸气发动机，涡轮增压发动机也同样适用。对于涡轮增压发动机，排气歧管等长的优点在于各缸排出质量相等的废气后，可以使得涡轮受到定量、顺畅而持续的冲击，因此增压的界限、效率和稳定性均会大大提高。除了等长化之外，歧管总长度也是设计排气歧管时需要考虑的地方，太短，涡轮运转反应会随之加快，但相对后续的流量就不如长歧管稳定饱和。

对于涡轮发动机使用的排气歧管，另一个设计重点就是降低涡轮入口处的回压，降低此处的回压可以让涡轮运转得更快。同样的道理，与涡轮出口相连的排气管前段在改装时最好换装成大口径，从而将二次回压降低，毕竟涡轮也是靠废气推动的，排气顺畅增压速率自然会提升，因此若是以追求性能为出发点，全段排气管皆需粗径化。

注意事项：排气歧管应尽量选用质地较轻的、内部平滑的材质；排气歧管应尽量等长；改装后需要更换掉原厂密封垫。

3.3.2　排气管的改装

仅仅更换消声器不会使汽车的动力性能提高多少，但如果把整段排气管更换成高性能的型号，则会对动力提升起到不小的作用(特别是发动机经过改装后)。排气管的改装主要针对排气管的中后段的升级，常见的方法是加粗管径、缩小排气消声器等，竞技类改装的趋势朝排气管直线化发展。直线型排气管的特点是强调高转速的动力，细长型着重于低转速时的扭矩。

改装高性能排气管，主要是为了增强高转数时的排气顺畅度，降低回压值以达到增强发动机动力输出特性与最大功率的目的。例如著名的奥地利 REMUS、Sebring 等高性能品牌排气管，其内壁较光滑、弯曲度较小，内部管路设计令尾气排放更通顺，这些设计使发动机在高转速时产生的大量废气能畅顺、高速地通过，可以明显提升排气效率，对马力提升有不小帮助。但要注意的是，盲径过大的排气管会影响回压效果并使废气降温太快，在减慢流速之余更减少了排气管的离地间隙，增加了汽车被"托底"的机会。

一般来说，如果发动机没有经过大幅度改装，则排量在 2L 以下的自然进气发动机的排气管直径不应超过 50 mm，而 2L 涡轮增压发动机的排气管直径应为 70～80 mm。中段排气管没有单独更换的必要，如需更换，则需要和消声器一起更换。中段排气管原是系统中最便宜的部分，但因为加上了三元催化转化器导致价位有所提高。

排气管在安装上值得一提的是排气系统的吊挂系统，尽量选取原装位的吊挂，便于安装。原装位的吊挂系统无需更改任何东西，只需采用橡胶缓冲块以软连接的方式固定新排气管。如果采用非原装的改装排气管，通常不可以直接使用原车位吊挂，需在车身上焊接辅助连接杆，从而由软连接方式变成了硬连接固定，但这不会像软连接那样吸收共振，导致共振会传递到车身，此外，焊缝处也容易在共振作用下开裂。

注意事项：排气管的升级应直线化，排气管的材料应尽量选择轻质材料，应确保内壁光滑、弯曲度较小、各连接部分流畅，并尽量减少排气阻塞的现象。在选取排气管时，尽量选用吊挂系统与车型匹配、有测试报告的品牌产品，正规厂商会提供产品的适用车型和相关参数。

3.3.3　消声器的改装

改装市场上常见的 S 鼓和 G 鼓等(如图 3-23 所示)相对于直排有更高的回压，因此可以降低发动机的低扭损耗，但高转速时对发动机功率的提升也会比直排低。正如前面提到的中尾段回压降低对发动机功率的提升并不会很明显,因此选装 S 鼓和 G 鼓等普通回压鼓也是不错的。

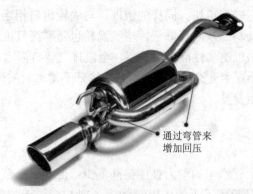

通过弯管来
增加回压

图 3-23 普通回压鼓

图 3-24 中的被动阀门和主动阀门可以兼顾低转速时回压高和高转速时回压低。被动阀门不需要额外的电源进行驱动,一般安装在消声器内部或中尾端的连接管上,它主要由一个弹簧和一个挡片组成。当发动机转速低时,排气气流较小,不足以克服弹簧的拉力将挡片吹起来,排气管被挡片堵住,所以回压变大。当发动机转速高时,排气气流很大,足以将挡片吹起来,这时排气管完全打开,回压较低,因此保证了发动机的功率输出。主动阀门需要额外的电源进行驱动,一般安装在尾管上,按驱动方式不同分为电动阀和气动阀。电动阀由电机驱动,气动阀由真空泵驱动。和被动阀类似,在发动机转速低时,阀门关闭以提高回压,在发动机转速高时,阀门被打开以降低回压。相对被动阀,主动阀在高转速的回压更低,因为阀门的打开能量由电瓶提供,不会造成发动机功率损耗,而被动阀需要发动机提供一部分能量来克服弹簧的拉力,但是这部分能量非常小,可以忽略不计。

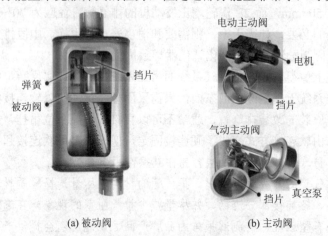

电动主动阀

电机

挡片

弹簧

被动阀

挡片

气动主动阀

真空泵

(a) 被动阀   (b) 主动阀

图 3-24 被动阀和主动阀

消声器内部特殊的设计,使其成为排气系统中产生内部阻力最大的地方。消声器很容易装配,改装起来很简单。高档的消声器用不锈钢(甚至是钛合金)制造,改装后的消声器比原装铸铁制造的更轻、更耐用,也更美观。消声器大致可分成两种:第一种是利用交错隔板造成反射波的方式来降低音量,原厂消声器几乎都是此种类型,其优点是成本低而消声效果好,缺点是排气阻力大而笨重。第二种为高性能型号,常见的是用玻璃棉等吸声材料来消声,优点是限流少、重量轻,缺点是消声效果较低,因此一般都会有较大的排气声,但排气声的大小和发动机的性能并没有直接关系。另外,消声器末端的排气口直径也要配合前端排气管的直径,太大并不会有实际效果。在选购消声器时,如果只要求外观、大排气声和一般性能的提升,有很多较为便宜的国产改装用消声器即可胜任,但如果要求更高性能的提升,则需要选择国外相关知名品牌的产品。

注意事项:消声器的升级应首先以排气效率为前提,排气声音可适当兼顾,应根据具体改装的发动机特性,选择消声器的结构。

3.4　排气系统改装案例

3.4.1　奥迪 A7 3.0 TFSI quattro 排气系统改装案例

1. 改装案例介绍

本案例的改装车型为奥迪 A7 3.0 TFSI quattro,改装项目为排气系统,选取的改装产品为 iPE 排气套件。

改装总共可分成五个流程,各个流程的内容与所需要的操作时间如表 3-2 所示。时间的计算是以一位有经验的技师搭配一位助手为基础。

表 3-2　操作时间表

工作内容	预估时间(h)
拆卸底盘拉杆与护盖	0.5
拆卸原厂排气管	6.0
安装 iPE 排气管	3.0
配线与设定	1.0
复原底盘拉杆与护盖	0.5
合　计	11

2. 注意事项

图 3-25 为原厂排气管前段的底盘照片,可以发现原厂排气管明显向右偏移;此套 iPE 排气系统依据原厂排气进行改良,因此安装也与原厂相同,有向右偏移现象。

许多车款的汽车钥匙与汽车本身有感应送电功能,因此需将汽车钥匙远离汽车本身至少 5 m 以上的距离,以确保安全。

刚行驶完的汽车排气管仍旧有很高的温度,因此请佩戴隔热手套进行排气管的换装,或者待温度降低后再行换装,以避免烫伤。

图 3-25　原厂排气管前段

当设定阀门自动开启时,请勿让阀门过早开启,以避免有共振问题的产生;建议将阀门的开启设定在踩踏至油门七成，或者发动机转速达 4000 r/min。

iPE 排气管是依据原厂引擎数据进行设计的，倘若发动机进行电脑升级以加大马力，搭配此排气管可能会有明显的共振产生，可向 iPE 购买针对此类车辆的修正版排气管。

操作过程当中所需的工具如表 3-3 所示。

表 3-3 所需工具

序号	工具名称	照片
1	卡扣扳手	
2	十字螺丝起子	
3	一字螺丝起子	
4	梅花扳手 T25, T50	
5	12 角扳手 10 mm,14 mm	
6	外六角扳手 12 mm,13 mm,16 mm	
7	变速箱千斤顶	
8	扭力扳手	

3. 改装操作步骤

1) 移除底盘拉杆与护盖

图 3-26 为奥迪 A7 底盘，以下流程将移除原厂排气管防护与紧固装置。

图 3-26　奥迪 A7 底盘

(1) 放松后拉杆。使用 T50 梅花扳手卸下图 3-27 中箭头所指的 4 个螺丝，使中尾段排气管可以自车尾抽出卸下。

图 3-27　放松后拉杆

(2) 移除中间拉杆。以 16 mm 外六角扳手卸下图 3-28 箭头所指的 4 颗螺丝，以便中间拉杆可以卸下，卸下后如图 3-29 所示。

图 3-28　移除中间拉杆

图 3-29　卸下拉杆后的实物

(3) 移除前挡板。使用卡扣扳手与十字螺丝起子移除三片前挡板，如图 3-30 圈处所示。

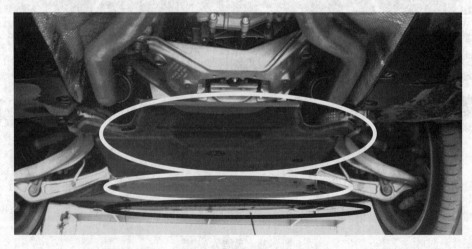

图 3-30　移除前挡板

对应的扣件位置如图 3-31～图 3-33 箭头所示。

图 3-31 扣件位置 1

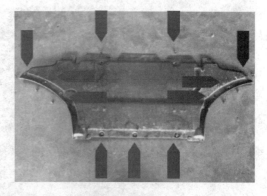

图 3-32 扣件位置 2

图 3-33 扣件位置 3

(4) 移除前拉杆。使用 14 mm 十二角扳手与 16 mm 外六角扳手移除前拉杆，如图 3-34 圈所示。

图 3-34 移除前拉杆

对应的扣件位置如图 3-35 箭头所示。

图 3-35　扣件位置

2) 移除原厂排气管

原厂排气管由后到前可分为三段：尾段、中段、头段(触媒段)，原厂排气管的拆卸将按照上述顺序进行。

(1) 移除尾段：尾段与中段通过图 3-36 圆圈内的束环进行连接，因此须先以 13 mm 外六角扳手放松束环，以便加以脱离，如图 3-37 所示。

图 3-36　拧松束环

图 3-37　拆卸后的尾段

使用变速箱千斤顶支撑住中段消音桶，如图 3-38 所示。

图 3-38　千斤顶支撑住中段消音桶

　　与中段脱离的尾段排气管只剩下四个支撑点进行固定，如图 3-39 中箭头所示。

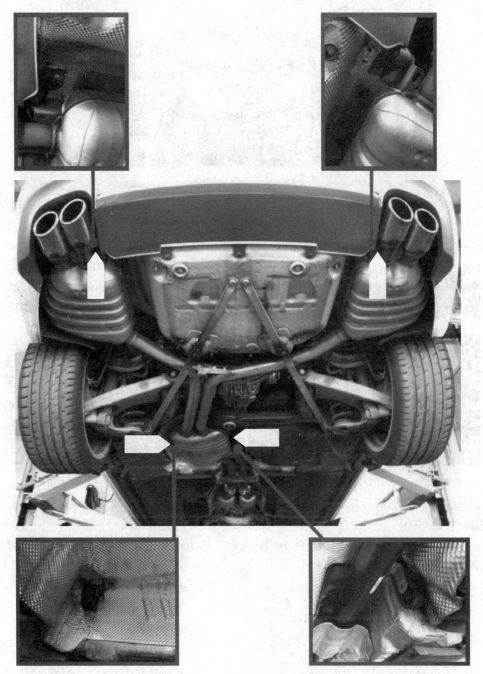

图 3-39　尾段剩余支撑点

　　中段消音桶的左右橡胶吊环以徒手方式即可拨开，尾段消音桶须用 13 mm 外六角扳手卸下螺丝，即可使尾段脱离汽车底盘。

　　脱离汽车底盘的尾段仅以变速箱千斤顶单点加以支撑，扶稳尾段并自车尾抽出，如图 3-40 所示。

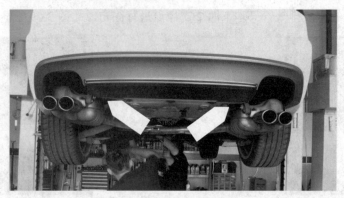

图 3-40　抽出尾段

(2) 移除中段：和尾段脱离的中段只剩下与头段的支撑，因此会有倾斜现象，如图 3-41 所示；为避免损坏固定螺丝，必须先支撑住中段的后半部。单边的中段仅通过三颗螺丝与头段连接，如图 3-42 所示，用 12 mm 外六角扳手卸下螺帽，即可从底盘取下中段。

图 3-41　与尾段脱离的中段

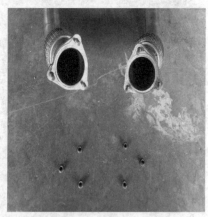

图 3-42　拆卸后的中段

(3) 移除头段(触媒段)：移除头段之前，需先拆下氧传感器，如图 3-43 所示，避免扯断线路。

因方向机连杆会阻挡左侧头段的拆卸，因此须以 10 mm 十二角扳手先将转向连杆卸除连接，如图 3-44 中圆圈选中处所示。

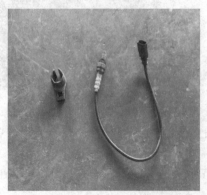

图 3-43　拆下氧传感器

图 3-44　断开方向机连杆

头段与汽车底盘之间通过一组缓冲组件加以固定，如图 3-45 圆圈选中处所示；先用 12 mm 外六角扳手卸下，卸下后如图 3-46 所示。

图 3-45 拆卸前头段

图 3-46 拆卸后缓冲组件

头段与芭蕉段同样也是由三个螺丝固定的，使用 12 mm 外六角扳手卸下螺帽，便可从底盘取下头段，如图 3-47 所示。

图 3-47 拆卸后的头段

3) 安装改装排气管

安装排气管的顺序与原厂的顺序相反，由头段至尾段依序安装。

(1) 安装头段(触媒段)：iPE 排气管头段如图 3-48 所示，使用原本的左右各三个螺母加以紧固即可，由于此处安装空间狭小，需再次确认六个螺母皆已锁紧。

图 3-48 iPE 排气管头段

安装iPE头段前需先将氧传感器装回,安装iPE头段后的照片如图3-49和图3-50所示。

图3-49 改装后头段左边

图3-50 改装后头段右边

安装完头段后,记得将方向机连杆恢复原状,如图3-51圆圈选中处所示。

图3-51 恢复转向机连杆

（2）安装中段：iPE 中段如图 3-52 所示，使用原本的左右各三个螺母与前段固定，搭配使用扭力扳手并设定为 34M-m/25ft-lb 加以锁紧；锁紧后如图 3-53 所示。

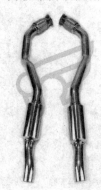

图 3-52　iPE 中段　　　　　　　　　　　　　图 3-53　紧固后的中段

（3）安装尾段：改装用尾段设计成三个组件，X 管、阀门消音筒与尾饰管，如图 3-54～图 3-56 所示。

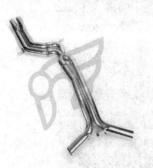

图 3-54　X 管　　　　　　　　　　　　　图 3-55　阀门消音筒

图 3-56　尾饰管

先将中段与 X 管相接的束环塞入中段当中，如图 3-57 圆圈选中所示；然后再用另一束环将 X 管与阀门消音筒进行结合，如图 3-58 圆圈选中所示，最后将尾段塞入；尾段仍旧以变速箱千斤顶支撑，才能与原车的底盘橡胶吊环进行连接。以扭力扳手 34-N-m/25ft-lb 的力量锁紧这四个束环。

完成 iPE 头段/中段/尾段与底盘的安装后，下一步骤是进行排气管高度的调整。首先，放松图 3-57、图 3-58 所示的四个束环；整个排气管与下方最近位置如图 3-59 圆圈选中处，需要先徒手拖高尾段，以便让该圈选中处有 2 cm 左右的缓冲空间，然后再次锁紧四个束环，这便完成了高度的调整。

图 3-57　安装中段与 X 管束环　　　　　图 3-58　　安装 X 管与阀门消音筒

图 3-59　排气管最终固定

　　iPE 排气管的硬件安装最后步骤为四件尾饰管的安装，同样使用扭力扳手 34-N-m/25ft-lb 的力量锁紧螺丝，如图 3-60 所示。

图 3-60　安装尾饰管

虽然安装后的尾饰管位置已经调整置中，但是使用过的 iPE 排气管会因热胀冷缩的缘故而产生部分的偏移，因此建议于安装三日后进行尾饰管的再次调整。

4) 配线与设定

图 3-61 是所有控制元件的零件与对应的连接方式，相关的名称说明如表 3-4 所示。

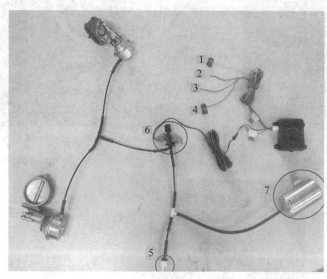

1—黄线：油门；

2—棕线：负极；

3—红线：电源线；

4—绿线：转速；

5—单向阀；

6—电磁阀；

7—储压桶

图 3-61 排气阀门的安装图

表 3-4 名 称 说 明

编 号	名 称	编 号	名 称
1	黄线：油门 TPS 0-5 V	5	单向阀
2	棕线：负极 ⊖	6	电磁阀
3	红线：电源线 ⊕	7	储压桶
4	绿线：转速 RPM		

(1) 安装真空配件：电磁阀与储压桶安装于左后方乘客座位下方的底盘处，因此需移除此处的盖板，如图 3-62 所示。图 3-63 为移除盖板后的照片，箭头所指的地方为电磁阀与储压桶安装位置。

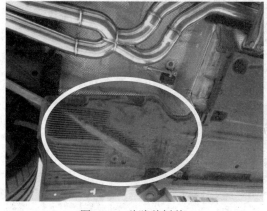

图 3-62 移除盖板前

图 3-63 移除盖板后

图 3-64、图 3-65 为电磁阀与储压桶安装位置放大图，圈选的螺栓为其固定螺丝。

图 3-64　电磁阀固定螺丝　　　　　　　　图 3-65　储压桶固定螺丝

图 3-66 为电磁阀与储压桶安装后的照片，务必确认改螺栓完全锁紧，避免零件松脱。

图 3-66　电磁阀与储压桶安装后

将电磁阀旁边的三通接头未接端经真空管连接至后方的另一个三通接头，再与两侧阀门进行连接，如图 3-67 所示。

图 3-67　电磁阀旁三通接头连接

　　右侧阀门附近的底盘支架上有现成的圆孔，可用于支撑真空管，如图 3-68 所示。右侧阀门的真空管接往三通接头的沿线，可将真空管固定于后保险杠内侧的扣板上，避免让真空管因吊耳扯断或脱离，如图 3-69 所示。

图 3-68　阀门右侧安装真空管

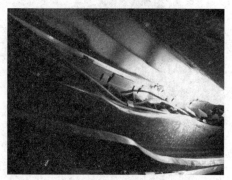

图 3-69　真空管固定

　　左侧阀门的真空管同样也可以绕进底盘的现成圆孔，避免垂吊，如图 3-70 所示。该真空管接往三通接头的沿线无任何可固定的地方，因此须用束线带加以固定，如图 3-71 所示。

图 3-70　阀门左侧安装真空管

图 3-71　真空管固定

　　现在，与真空相关的部分只剩电磁阀的真空源尚未完成接线，而该真空源来自于引擎，此部分将与控制线路合并安装，详细内容请参考下一步骤。

　　(2) 安装配线：将控制线路接上电磁阀，连同真空管一并接上三通接头，如图 3-72 所示；此真空管与控制线路将沿着汽车底盘左侧管线往车头延伸，因此需将左侧护盖掀起才能固定线路，如图 3-73 所示。

图 3-72　控制线路连接

图 3-73　真空管与控制线固定

卸下左前轮胎，如图 3-74 所示。将真空管与控制线路沿着护盖内，由下往上进入引擎室，如图 3-75 所示。

图 3-74　卸下左前轮胎

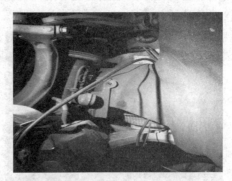
图 3-75　真空管与控制线穿线

接着，先完成真空源的接线，如图 3-76 所示，移除原厂护盖；找到引擎真空源，如图 3-77 所示。

图 3-76　移除护盖

图 3-77　原厂真空源

完成原车真空源的三通接头安装，如图 3-78 所示；将图 3-75 自左前轮护盖下往上拉的真空管接上此三通接头，便完成所有真空配件的安装。

图 3-78　原厂真空源安装

图 3-79 为驾驶座刹车踏板附近的照片，电磁阀接线将自圈选处的橡胶处由引擎室接入驾驶座，细节照片如图 3-80 所示。

图 3-79　电磁阀接线　　　　　　　　　　图 3-80　细节图

用一字螺丝起子掀开驾驶座旁边的保险丝配线区，如图 3-81 所示。

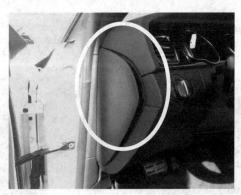

图 3-81　保险丝配线区

红色-正极 ⊕ 的接线主要是选择与钥匙控制相关的电源供应点，如点烟器、车内音响。由于不同年代出厂的车款在此保险丝配线区略有不同，请依照上述原则寻找适当的电源供应点。

打开此面板，先将控制盒红色线端与保险丝相连，如图 3-82 所示；再插入圈选处，如图 3-83 所示。

红线

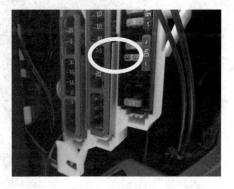

图 3-82　连接红线与保险丝　　　　　　　图 3-83　插回保险丝盒

图 3-84 为电源线安装完成图，并将护板盖回。

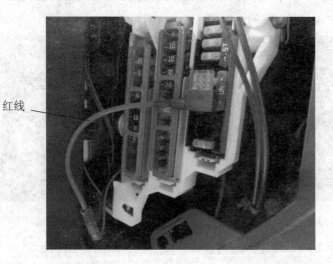

红线

图 3-84　电源线安装完成图

安装前应将盖板卸除，如图 3-85、图 3-86 所示；棕线-负极⊖的接线锁附在图 3-87 圈选处的螺丝处。

图 3-85　盖板拆除前

图 3-86　盖板拆除后

图 3-87　棕线接线图

　　黄线-油门 TPS 的线路应与油门踏板的信号进行串接。图 3-88 是油门踏板位置，自油门踏板位置往上看，如图 3-89 圈选处所示。

图 3-88　油门踏板位置

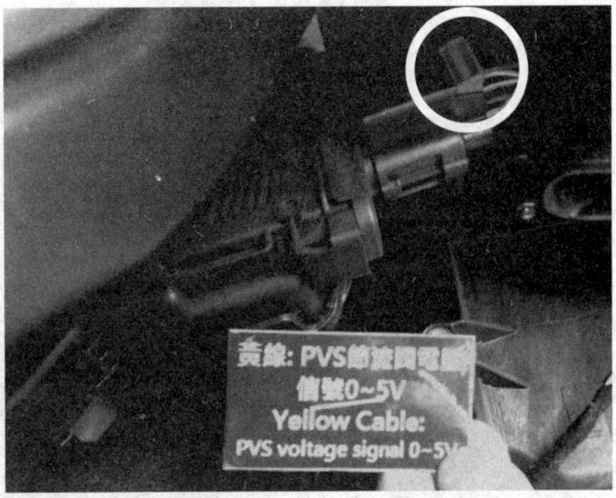

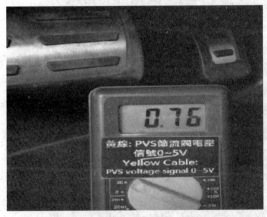

图 3-89　油门信号线

　　也可经由三用电表进行踏板信号测试，如图 3-90、图 3-91 所示。

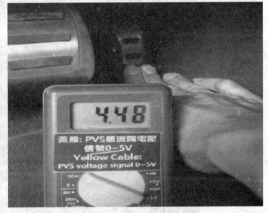

图 3-90　未踩油门踏板信号电压

图 3-91　油门踏板踩到底信号电压

　　图 3-92 为信号串接的操作，图 3-93 为串接后的情形。

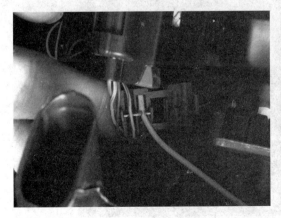

图 3-92　信号串接

图 3-93　串接后

5) 复原底盘拉杆与护盖

复原底盘拉杆与护盖的操作步骤为拆解时的逆向操作。

3.4.2 奥迪 A3 排气系统改装案例

1. 改装案例介绍

本案例的改装车型为奥迪 A3，改装项目为排气系统，选取改装产品为 REMUS 排气套件。

排气系统改装操作过程当中所需的工具如图 3-94～图 3-96 所示。

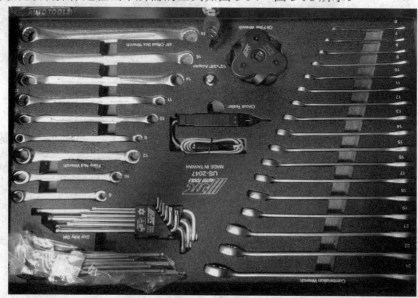

图 3-94　改装工具一

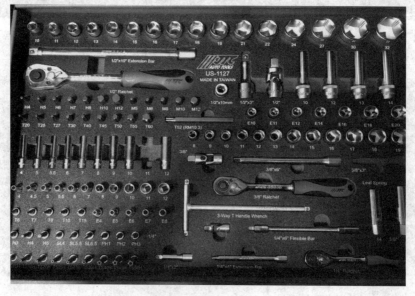

图 3-95　改装工具二

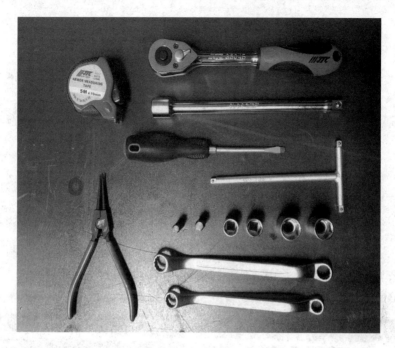

图 3-96 改装工具三

选取改装产品为 REMUS 成品排气套件，产品细节如图 3-97、图 3-98 所示。

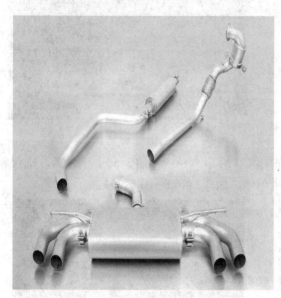

图 3-97 排气套件

图 3-98 排气饰管

此套排气系统为原厂排气安装位置替换成中尾段双边双出排气，整套排气分为前节、中节、后节及末节消音鼓。

2. 改装操作步骤

(1) 安装顺序遵循先前后尾的原则，首先将前节与原厂排气前段部分对接，并用六角扳手将配套卡箍锁紧，确保密封，如图 3-99 所示。

图 3-99　前节对接

（2）中节与前节的安装：将中节部分与前节对接，并用六角扳手将配套卡箍锁紧，确保密封，如图 3-100、图 3-101 所示。

图 3-100　中节部分对接

图 3-101　锁紧卡箍

（3）后节与中节的安装：将后节与中节对接，并用六角扳手将配套卡箍锁紧，确保密封；安装时需注意卡箍开口方向，避免磕碰车体，如图 3-102～图 3-104 所示。

图 3-102　后节对接

图 3-103　六角扳手紧固

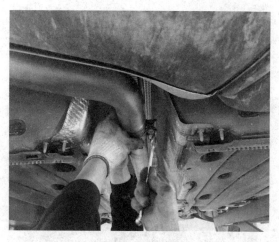

图 3-104　卡箍锁紧

(4) 末节消音鼓的安装：安装末节消音鼓部分时，需多人配合。

① 将鼓身上的挂钩装入原厂排气安装位上的悬挂吊耳内，如图 3-105～图 3-107 所示。

图 3-105　安装挂钩

图 3-106　装入吊耳

图 3-107　紧固

② 待鼓身左右两侧挂钩均安装入车身原装位吊耳内后，将鼓身接口与后节连接并用配套卡箍锁紧，确保密封，如图 3-108 所示。

图 3-108　锁紧卡箍

③ 至此，整个管路与鼓身部分的连接安装均已完成，如图 3-109、图 3-110 所示。

图 3-109　管路与鼓身连接

图 3-110　排气尾管

(5) 安装排气装饰尾嘴：此款尾嘴为双层斜口设计，安装时以斜面朝下为准，另以有品牌 LOGO 的面朝上为准，如图 3-111～图 3-114 所示。

图 3-111　尾饰管

图 3-112　右侧尾饰管安装

图 3-113　右侧尾饰管安装效果图

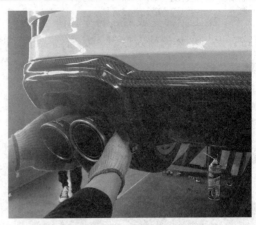

图 3-114　左侧尾饰管安装

(6) 全部安装完成后，根据实际情况将四个尾嘴的位置调整到最佳对称间隙。值得注意的是尾嘴上延需与后唇下延保持一定的空间，通常情况下以 1 cm 为佳，如图 3-115～图 3-118 所示。

图 3-115　右侧尾饰管调节

图 3-116　左侧尾饰管预紧

图 3-117　调整至最佳位置

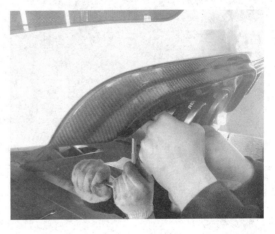

图 3-118　最终紧固

(7) 施工全部完成后，将车体降至地面并启动车辆。通过踩油门听排气声音来判断，管路有无与车体磕碰及漏气，如有需要进行调整，如图 3-119、图 3-120 所示。

图 3-119　着车测试　　　　　　　　　　图 3-120　施工完毕

第四章　点火系统改装

　　汽油发动机混合气的着火方式为点燃式,故在汽油发动机上设有点火系统。汽车点火系统是汽油发动机的重要组成部分之一,它对发动机的动力性、经济性、启动性能和排放等均有一定的影响。

　　早在 20 世纪初,点火系统在汽车发动机上就已开始应用。如今点火系统已从有触点式、普通无触点式、集成电路式发展到了微机控制电子点火系统。微机控制电子点火系统可控制并维持发动机点火提前角(ESA)在最佳范围内,使汽油机的点火时刻更接近于理想状态,从而进一步挖掘发动机的潜能。

　　目前市面上主流的点火系统品牌有 NGK、SPEED FORCE、OKD 等。

　　NGK 又名日本特殊陶业会社,创立于 1936 年,工厂位于日本名古屋市,注册资金约为 19 亿日元,工厂占地面积 3 万平方米,有千人为其服务,其标志如图 4-1 所示。NGK 从创建以来一直致力于汽车产业的研制与发展,生产的火花塞、传感器、工业切割工具家喻户晓,具备了相当高的水准。不仅在日本本土,世界上其他国家的汽车厂家也经常在自己所制造的汽车中使用 NGK 制造或代工的产品。2001—2002 年 NGK 日本总公司分别在中国广州、上海设立办事处,重心主要放在预测中国汽车市场的发展方向。2003 年 NGK 意识到中国的汽车产业已经进入快速发展期,于是特别在境内设立了第一家产品生产基地即上海特殊陶业有限公司,以全外资的形式运作发展,最大限度地服务于中国汽车产业的发展。

图 4-1　NGK 标志

　　NGK 不仅在生产品质方面获得了 TS16949(质量管理体系)认证,在环境维护与安全卫生领域也获得了最为严格的 ISO14001 与 OHSAS18001 认证。NGK 一切的努力只为生产出一只品质更为上乘的火花塞与传感器。

　　Speed Force Technology 公司位于澳大利亚阿德莱德,标志如图 4-2 所示,主要是研究开发汽车内燃机点火系统与燃油系统等汽车升级、改装使用的专业用品。公司成立之前,创始人一直在专业机构专注于研究内燃机点火的效能提升,并且获得了社会和业内的一致认可。公司产品推出市场后,一直以性能提升和高质量的稳定性而著称。2014 年初 SPEED

FORCE 品牌进入中国市场，深受内地与香港消费者的认可和信任。

图 4-2　SPEED FORCE 标志

OKADA PROJECTS 公司创立于 2003 年，公司位于日本神奈川县，其标志如图 4-3 所示。该公司旗下的高性能点火产品 OKADA Plasma 以优化发动机性能、降低排放和提高燃油经济性为目的所创造，产品以其优秀的点火性能被各大改装车迷所推崇，在欧美日甚至中国的各大汽车改装大赛中频繁出现。

图 4-3　OKD 标志

4.1　点火系统概述

4.1.1　点火系统的功用

汽油发动机气缸内是燃料与空气的混合气，在压缩行程终了时采用高压电火花点火。为了在气缸中定时地产生高压电火花，汽油发动机设置了专门的点火系统，简称发动机点火系统。

点火系统的基本功用是在发动机各种工况和使用条件下，在气缸内适时、准确、可靠地产生电火花，点燃可燃混合气，使汽油发动机实现做功。

4.1.2　点火系统的类型

发动机点火系统，按其组成和产生高压电方式的不同可分为传统蓄电池点火系统、半导体点火系统、微机控制点火系统和磁电机点火系统。

1. 传统蓄电池点火系统

传统蓄电池点火系统以蓄电池和发电机为电源，借点火线圈和断电器的作用，将电源提供的 6 V、12 V 或 24 V 的低压直流电转变为高压电，再通过分电器分配到各缸火花塞，使火花塞两电极之间产生电火花，点燃可燃混合气。传统蓄电池点火系统由于存在产生的高压电比较低、高速时工作不可靠、使用过程中需经常检查和维护等缺点，目前正在逐渐被半导体点火系统和微机控制点火系统所取代。

2. 半导体点火系统

半导体点火系统以蓄电池和发电机为电源，借点火线圈和由半导体器件(晶体三极管)组成的点火控制器将电源提供的低压电转变为高压电，再通过分电器分配到各缸火花塞，使火花塞两电极之间产生电火花，点燃可燃混合气。半导体点火系统与传统蓄电池点火系统相比具有点火可靠、使用方便等优点，是目前国内外汽车上广泛采用的点火系统。

3. 微机控制点火系统

微机控制点火系统与上述两种点火系统相同，也以蓄电池和发电机为电源，借点火线圈将电源的低压电转变为高压电，再由分电器将高压电分配到各缸火花塞，并由微机控制系统根据各种传感器提供的反映发动机工况的信息，发出点火控制信号，控制点火时刻，点燃可燃混合气。它还可以取消分电器，由微机控制系统直接将高压电分配给各缸。微机控制点火系统是目前最新型的点火系统，已广泛应用于各种中、高级轿车中。

4. 磁电机点火系统

磁电机点火系统由磁电机本身直接产生高压电，不需另设低压电源。与传统蓄电池点火系统相比，磁电机点火系统在发动机中、高转速范围内，产生的高压电较高、工作可靠。但在发动机低转速时，产生的高压电较低，不利于发动机启动。因此磁电机点火系统多用于主要在高速、满负荷下工作的赛车发动机，以及某些不带蓄电池的摩托车发动机和大功率柴油机的启动发动机。

4.1.3　点火系统的基本要求

点火系统应在发动机各种工况和使用条件下保证可靠而准确地点火。为此点火系统应满足以下基本要求。

1. 能产生足以击穿火花塞两电极间隙的电压

火花塞击穿电压是指能使火花塞两电极之间的间隙击穿并产生电火花所需要的电压。火花塞击穿电压的大小与电极之间的距离(火花塞间隙)、气缸内的压力和温度、电极的温度以及发动机的工作状况等因素有关。

电极间隙越大，电极周围气体中的电子和离子距离越大，受电场力的作用越小，越不易发生碰撞电离，因此要求更高的击穿电压方能点火。

气缸内的压力越大或者温度越低，气缸内的可燃混合气的密度越大，单位体积中的气体分子的数量越多，离子自由运动的距离越小，就越不易发生碰撞电离。只有提高加在电极上的电压，增大作用于离子上的电场力，使离子的运动加速才能发生离子间的碰撞电离，使火花塞电极间隙击穿。因此，气缸内的压力越大或者温度越低，所要求的火花塞击穿电压越高。

电极的温度对火花塞击穿电压也有影响。电极的温度越高，包围在电极周围气体的密度越小，越容易发生碰撞电离，所需的火花塞击穿电压越小。实践证明，当火花塞的电极温度超过混合气的温度时，击穿电压可降低 30%～50%。

发动机工况不同时，火花塞的击穿电压随发动机的转速、负荷、压缩比、点火提前角以及混合气浓度的变化而变化。

汽车起动时的击穿电压最高，因为气缸壁、活塞以及火花塞电极都处于冷态，吸入的混合气温度低、雾化不良，压缩时混合气的温度升高不大，加之火花塞电极间可能积有汽油或机油，因此所需击穿电压最高。此外，汽车加速时，由于大量冷的混合气被突然吸入到气缸内，也需要较高的击穿电压。

试验表明，发动机正常运行时，火花塞的击穿电压为 7～8 kV，发动机冷起动时约达 19 kV。为了使发动机在各种不同的工况下均能可靠地点火，要求火花塞击穿电压应在 15～20 kV。

2. 电火花应具有足够的点火能量

为了使混合气可靠点燃，火花塞产生的火花应具备一定的能量。发动机工作时，由于混合气压缩时的温度接近自燃温度，因此所需的火花能量较小(1～5 mJ)，传统点火系统的火花能量(15～50 mJ)足以点燃混合气。但在启动、怠速以及突然加速时需要较高的点火能量。为保证可靠点火，一般应保证 50～80 mJ 的点火能量，启动时应能产生大于 100 mJ 的点火能量。

3. 点火时刻应与发动机的工作状况相适应

首先发动机的点火时刻应满足发动机工作循环的要求；其次可燃混合气在气缸内从开始点火到完全燃烧需要一定的时间(千分之几秒)。因此要使发动机产生最大的功率，就不应在压缩行程终了(上止点)点火，而应适当地提前一个角度，这样当活塞到达上止点时，混合气已经接近充分燃烧，发动机才能发出最大功率。

4.1.4　点火系统的特点

汽车发动机的点火系统与汽车上其他电器设备一样，采用单线制连接，即电源的一个电极用导线与各用电设备相连，而电源的另一个电极则通过发动机机体、汽车车架和车身等金属构件与各用电设备相连，称为搭铁，其性质相当于一般电路中的接地。搭铁的电极可以是正极也可以是负极。

因为热的金属表面比冷的金属表面容易发射电子，发动机工作时，火花塞的中心电极较侧电极温度高，因而电子容易从中心电极向侧电极发射，使火花塞间隙处离子化程度高，火花塞间隙更容易被击穿，击穿电压可降低 15%～20%。因此，无论整车电气系统采用正极搭铁还是负极搭铁，点火线圈的内部连接或外部接线均应保证点火瞬间火花塞中心电极为负极，即火花塞电流应从火花塞的侧电极流向中心电极。

国内外早期生产的汽车曾采用正极搭铁，但由于汽车电子设备的广泛应用，目前大多数汽车都改为负极搭铁。

4.2　传统点火系统的组成与工作原理

4.2.1　传统点火系统的组成

传统点火系统主要由电源(蓄电池和发电机)、点火开关、点火线圈、电容器、断电器、配电器、火花塞、阻尼电阻和高压导线等组成，如图 4-4 所示。

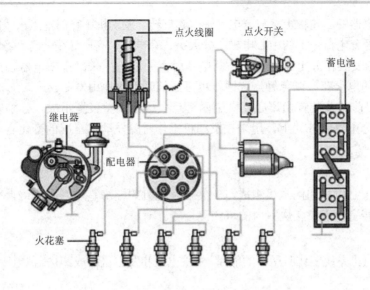

图 4-4 传统点火系统的组成

1. 点火开关

点火开关用来控制仪表电路、点火系统初级电路以及起动机继电器电路的开与闭。

2. 点火线圈

点火线圈主要由初级绕组、次级绕组、铁芯等组成，如图 4-5 所示。它相当于自耦变压器，用来将电源供给的 12 V 或 24 V 的低压直流电转变为 15～20 kV 的高压直流电。

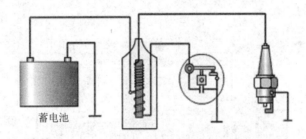

图 4-5 点火系统电路图

3. 分电器

分电器由断电器、配电器、电容器和点火提前调节装置等组成。分电器用来在发动机工作时接通与切断点火系统的初级电路，使点火线圈的次级绕组中产生高压电，并按发动机要求的点火时刻与点火顺序，将点火线圈产生的高压电分配到相应气缸的火花塞上。

(1) 断电器主要由断电器凸轮、断电器触点、断电器活动触点臂等组成。断电器凸轮由发动机凸轮轴驱动，并以同样的转速旋转，即发动机曲轴每转两周，断电器凸轮转一周。为了保证曲轴每转两周各缸轮流点火一次，断电器凸轮的凸棱数一般等于发动机的气缸数。断电器的触点串联在点火线圈的一次电路中，用来接通或切断点火线圈一次绕组的电路。因此，断电器相当于一个由凸轮控制的开关。

(2) 配电器由分电器盖和分火头组成，用来将点火线圈产生的高压电分配到各缸的火花塞。分电器盖上有一个中心电极和若干个旁电极，旁电极的数目与发动机的气缸数相等。分火头安装在分电器的凸轮轴上，与分电器轴一起旋转。发动机工作时，点火线圈次级绕组中产生的高压电经分电器盖上的中心电极、分火头、旁电极、高压导线分送到各缸火花塞。

(3) 电容器安装在分电器壳上，与断电器触点并联，用来减小断电器触点断开瞬间在触点处所产生的电火花，以免触点烧蚀，也可延长触点的使用寿命。

(4) 点火提前调节装置由离心和真空两套点火提前调整装置组成，分别安装在断电器底板的下方和分电器的外壳上，用来在发动机工作时随发动机工况的变化自动调整点火提前角。

4. 火花塞

火花塞由中心电极和侧电极组成，安装在发动机的燃烧室中，用来将点火线圈产生的高压电引入燃烧室，点燃燃烧室内的可燃混合气。

5. 电源

电源提供点火系统工作时所需的能量，由蓄电池和发电机构成，其标称电压一般为 12 V。

4.2.2　传统点火系统的工作原理

传统点火系统工作的示意图如图 4-6 所示。点火线圈初级绕组的一端经点火开关与蓄电池相连，另一端经分电器接线柱接断电器的活动触点臂，固定触点通过分电器壳体接地，触点弹簧作用于断电器活动触点臂上，使活动触点与固定触点保持闭合的趋势。电容器并联在断电器触点之间。点火线圈次级绕组的一端在点火线圈内与初级绕组相连，另一端经高压导线接分电器盖的中心电极。

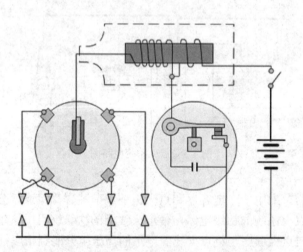

图 4-6　传统点火系统工作示意图

接通点火开关，发动机开始运转。发动机运转过程中，断电器凸轮不断旋转，使断电器触点不断地开、闭。当断电器触点闭合时，蓄电池的电流从蓄电池正极出发，经点火开关、点火线圈的初级绕组、断电器活动触点臂、触点、分电器壳体搭铁流回蓄电池的负极。当断电器的触点被凸轮顶开时，初级电路被切断，点火线圈初级绕组中的电流迅速下降到零，线圈周围和铁芯中的磁场也迅速衰减直至消失，因此在点火线圈的次级绕组中产生感应电压，称为次级电压，其中通过的电流称为次级电流，次级电流流过的电路称为次级电路。

触点断开后，初级电流下降的速率越高，铁芯中的磁通变化率越大，次级绕组中产生的感应电压越高，越容易击穿火花塞间隙。当点火线圈铁芯中的磁通发生变化时，不仅在次级绕组中产生高压电(互感电压)，同时也在初级绕组中产生自感电压和电流。在触点分开、初级电流下降的瞬间，自感电流的方向与原初级电流的方向相同，其电压高达 300 V，可击穿触点间隙，在触点间产生强烈的电火花，这不仅使触点迅速氧化、烧蚀，影响断电器正常工作，同时会使初级电流的变化率下降，次级绕组中感应的电压降低，火花塞间隙中的火花变弱，以致难以点燃混合气。为了消除自感电压和电流的不利影响，在断电器触点之间并联有电容器。在触点分开瞬间，自感电流向电容器充电，可以减小触点之间的火花，加速初级电流和磁通的衰减，并提高次级电压。

4.3 点火时刻

发动机工作时，点火时刻对发动机的工作和性能有很大的影响。

混合气燃烧有一定的速度，即从火花塞跳火到气缸内的可燃混合气完全燃烧是需要一定时间的。虽然这段时间很短，不过千分之几秒，但是由于发动机的转速很高，在这样短的时间内曲轴转过很大的角度。若恰好在活塞到达上止点时点火，混合气开始燃烧时，活塞已开始向下运动，使气缸容积增大，燃烧压力降低，发动机功率下降。因此，应提前点火，即在活塞到达压缩行程上止点之前火花塞跳火，使燃烧室内的气体压力在活塞到达压缩行程上止点后 10°～12° 时达到最大值。这样混合气燃烧时产生的热量在做功行程中得到最有效的利用，可以提高发动机的功率。

图 4-7 为点火时刻对发动机功率的影响。

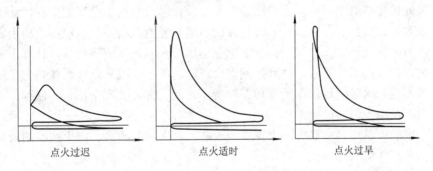

点火过迟　　　　　　点火适时　　　　　　点火过早

图 4-7　点火时刻对发动机功率的影响

但是，若点火过早，则活塞还在向上止点移动时，气缸内压力已达到很大数值，这时气体压力作用的方向与活塞运动的方向相反，在示功图上出现了套环，此时，发动机有效功率减小，发动机功率也将下降。

从点火时刻起到活塞到达压缩上止点，这段时间内曲轴转过的角度称为点火提前角。能使发动机获得最佳动力性、经济性和最佳排放性能的点火提前角，称为最佳点火提前角。

发动机工作时，最佳点火提前角不是固定值，它随很多因素而改变。影响点火提前角的主要因素是发动机的转速和混合气的燃烧速度。混合气的燃烧速度又与混合气的成分、发动机的结构及其他(燃烧室的形状、压缩比等)因素有关。

当节气门开度一定时，随着发动机转速升高，单位时间内曲轴转过的角度增大。如果混合气燃烧速度不变，则应适当增大点火提前角，否则燃烧会延续到做功行程，使发动机的动力性、经济性下降。所以，点火提前角应随发动机转速升高而增大。但是，当发动机转速达到一定值以后，由于燃烧室内的温度和压力提高，扰流增强，混合气燃烧速度加快，最佳点火提前角增大的幅度减慢，并非呈线性关系。

当发动机转速一定时，随着负荷增加，节气门开度增大，单位时间内吸入气缸内的可燃混合气数量增加，压缩行程终了时燃烧室内的温度和压力增高。同时残余废气在气缸内混合气中所占的比例减少，混合气燃烧速度加快，点火提前角应适当减小。反之，发动机负荷减小时，点火提前角应当加大。

在汽车运行中，发动机的转速和负荷是经常变化的。为了使发动机在各工况下都能适时点火，在汽车发动机的点火系统中一般设有两套自动调节点火提前装置。其中一套是离心点火提前调节装置，它可以随发动机转速变化自动调节点火提前角；另一套是真空点火提前调节装置，它可以随发动机负荷变化自动调节点火提前角。

此外，最佳点火提前角还与所用汽油的抗爆性有关。使用辛烷值较高即抗爆性较好的汽油时，点火提前角应适当增大。因此，当发动机换用不同牌号的汽油时，点火提前角也必须做适当调整。为此，要求点火系统的结构还应在必要时能适当地进行点火提前角的手动调节，如有些车型的点火系统中配有辛烷值校正器，可以在进行手动调节时指示调节的角度。

4.4　点火系统改装

点火系统在引擎运转时所扮演的角色是在任何引擎转速及不同的引擎负荷下，均能在适当的时机提供足够的电压，使火花塞能产生足以点燃汽缸内混合气的火花，让引擎得到最佳的燃烧效率。现代的点火提前装置已改由引擎管理电脑所控制，电脑收集引擎转速、进气歧管压力或空气流量、节气门位置、电瓶电压、水温、爆震等讯号，计算出最佳点火正时提前角，再发出点火讯号，达到控制点火正时的目的。改装点火系统是为了弥补原有点火系统的不足，改装的目标在于缩短充磁所需时间、提高二次电压、降低跳火电压、延长火花时间以及减少传输损耗。

点火系统的改装项目主要有：火花塞的改装、高压线的改装、点火线圈的改装以及加装点火增强器。

注意事项：点火系统改装之前，必须先了解车辆点火系统是否仍维持原设计的性能，确认后再谈改装的需求。

(1) 蓄电池的电压是否充足(装了高功率的音响扩大机后，是否需要配合换用电流较大的蓄电池)？

(2) 高压导线是否破损漏电？

(3) 火花塞是否定期更换？(火花塞的寿命约为 20 000 km)

(4) 点火正时是否做了正确的调整？

(5) 冷热值是否正确？这可由拆下来的火花塞电极状况判断，太冷的(散热能力太好)电极会出现黑色积炭，太热的电极则会呈现白色、电极熔蚀、陶瓷裂开等状态。

4.4.1　火花塞改装

火花塞的基本作用是使点火绕组产生的高压电流通过一个电极间隙时产生火花来点燃汽缸燃烧室内的可燃混合气,因此对火花塞的性能要求是越强、越稳定越好。现在高质量的火花塞都是采用铱或铂等贵金属来制造电极,不仅火花更强更稳定,而且也更耐用。

火花塞的另一个重要作用是可以把气缸内的一部分热量传递给冷却系统或外界的空气,使热量散发掉,并能够使自身维持在一个适当的温度下工作。如果温度太高会损蚀火花塞的电极和绝缘体,而被烧红了的火花塞会引发早燃和爆震现象;如果温度太低,附着在火花塞表面的油就不能充分燃烧,容易形成积炭,使火花塞产生不了火花。因此不同冷热度的火花塞用于不同特性的发动机上。一般的轻微改装不需要改动火花塞的冷热度,只有重改后发动机要经常在高温下运作时,才需要改用冷度较高的火花塞,轻易改用赛车用的火花塞容易制造积炭,令发动机出现乏力和转速不顺的现象。

火花塞的更换是一定要注意的。火花塞若选择不对,不仅不能提升发动机的工作功率和车辆的动力,还会造成发动机功率下降、怠速不稳、急加油时油门跟不上的现象。

更换火花塞,要根据发动机的类型和原车火花塞的工作温度进行选择。建议检测、更换火花塞的行驶里程:汽车为 15 000～20 000 km,轻型汽车为 7000～10 000 km;火花塞材质和类型不同,推荐更换的行驶里程会有所不同。同时,由于汽车行驶状况、汽油品质、驾驶习惯等情况不同,火花塞的使用寿命也会有所不同。在发动机运行工作异常之前,应定期检测、更换火花塞。火花塞具有各种各样的形状,需按使用目的根据商家商品目录及适用表的说明,选择最为合适的火花塞。

更换火花塞需要拆除发动机的一些外围部件,如果不是非常有经验的话,最好还是到改装店进行。

火花塞主要由中央电极、侧电极、壳体、接线柱等组成,如图 4-8 所示。火花塞的改装主要以更换为主,可以从以下几个方面着手改装。

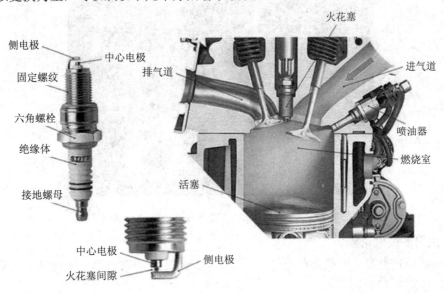

图 4-8　火花塞的结构

1. 换用贵金属电极材料的火花塞

用在火花塞电极上有三种稀有金属。

铱是一种硬度高且脆，银白色的铂族过渡金属，高温时可压成薄片或拉丝。铱是密度第二高的元素(次于锇)，即使在测试温度高达 2000℃时，铱也仍是最耐腐蚀、耐磨的材料。铱在合金中能抵抗高温及腐蚀，在火花塞的电极上使用铱就是利用它的这一特性。

铂是一种过渡金属，密度大、可延展、色泽银白、金属光泽、硬度 4~4.5，相对密度为 21.45，熔点为 1773℃。由于铂熔点比铱(2410±40℃)低，因而性能稍逊一筹，但比起最普通的镍合金还是强很多的。铂的富延展性，使其可被拉成很细的铂丝，轧成极薄的铂箔。铂的化学性质极稳定，不溶于强酸强碱，致密的金属铂在任何温度下的空气中都不会被氧化。

镍化学符号为 Ni，原子序数为 28，具有磁性，银白色过渡金属，熔点为 1453℃。在自然界中以硅酸镍矿或硫、砷、镍化合物形式存在，性坚韧，有磁性和良好的可塑性，在空气中不易被氧化，溶于硝酸。一般的镍合金火花塞的中央电极都比较粗，因而在使用一段时间后点火稳定性就会变差。

换用贵金属电极材料的火花塞就是将普通火花塞更换为铂金或铱金火花塞，如图 4-9 所示。普通火花塞的电极材料一般由镍-锰合金制成，高质量的火花塞都采用铂或铱等贵金属来制造电极。铂、铱金属的熔点比较高，耐高温高压，质量较好，因此铂金、铱金火花塞可以发出更强、更稳定的火花。从价格上看，国产普通的火花塞每只通常为十几元，铂金、铱金火花塞每只通常为 60~100 元；从使用成本上看，原厂装配的国产普通火花塞每 30 000 km 需更换一次，而性能较好的铂金、铱金火花塞可以使用 60 000~80 000 km，甚至达 100 000 km 才需更换。在发动机高转速的行驶条件下，使用了铂金、铱金火花塞的车辆可以发挥更强的动力性，而其高温稳定性的优势也可使发动机更安静，工作更顺畅。

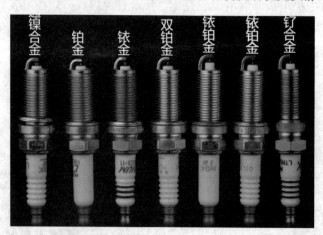

图 4-9 普通火花塞与贵金属电极材料的火花塞

2. 换用多极火花塞

从电极形式上看，火花塞有无极、单极、双极、三极、四极等，两极以上的称为多极火花塞，如图 4-10 所示。

图 4-10 火花塞的电极形式

原厂火花塞大多为单极火花塞，这种火花塞中心电极与侧电极之间的间隙对其性能有一定的影响。在点火线圈不变的情况下，火花塞电极之间的间隙越大，电极之间的空气就越不容易被击穿，一旦击穿，产生的电弧能量会更大。在发动机低速运转的时候，气缸内的空气流速慢，电极之间的空气比较容易被击穿，因此产生较大的电弧适合发动机低速扭矩输出。但较大的间隙在高速时会遇到麻烦。由于高速时气缸内的混合气流流速快，电极之间的空气被击穿产生电弧的概率会降低。这种没有成功产生电弧的概率被称为失火率。间隙较大的火花塞失火率较高，从而会影响发动机高速动力输出。反之，较小的电极间隙，性能刚好相反，低速时点火能量相对较小，但高速时失火率低。

多极火花塞则是通过增加侧电极的同时增加了电极之间的相对面积，因此可以减少中心电极与侧电极之间的间隙。这样一来，低速时由于有多个侧电极，产生的点火能量可以满足低速时的点火需求；高速时由于间隙变小，失火率降低，可以满足高速时的点火需求。

注意事项：更换多极火花塞时要注意匹配。有些车更换多极火花塞后，其性能没有明显的提高，最主要的原因就是匹配问题。多极火花塞由于侧电极比较多，所以散热性能较单极火花塞较好。我们在改装火花塞时，如果其他部件不相应进行修改，仅仅更换多极火花塞，那么它较大的散热量会改变原厂设计的匹配。换句话说，发动机在高速运转时多极火花塞就会在一定程度上损失燃烧室的热量，这显然会影响发动机性能。多级火花塞的优势是在最佳匹配、能够充分发挥火花塞性能的基础上得出的。工程师在设计发动机的时候，会考虑众多因素，均衡各方面性能进行设计的。该发动机如果是按照单极火花塞的工况设计，那么这个单极火花塞就能很好地满足这台发动机的正常工况，也就是说此时发动机的工作状况应该是合适的。如果我们要更换多级火花塞，就必须考虑这一因素，对发动机的其他部件进行相应调整(如调整点火电压，修改电脑等等)，才能将多级火花塞的优势真正体现出来。而原厂设计之所以没有全都采用多级火花塞，是由于对于普通小排量的发动机来说，单极火花塞已经完全可以满足其性能需求了，采用多级火花塞需要重新匹配，许多部件都需要更改，这样会增加发动机的制造成本，而提升的这点性能在这种类型的发动机上并不突出。因此出于性能和成本的综合考虑，一般原厂只会在高性能的发动机上采用多级火花塞。

综上所述，多级火花塞的更换需要综合匹配才能发挥其性能。而这种性能的提升相对是有限的，而花费的综合成本并不低，是否要更换，还得从自己的实际需求考虑。对于热衷于大改发动机点火的车友而言，如果其他点火部件都已经更换成高性能的，那么更换一组较好的多级火花塞还是很有必要的。否则如果想只花一两百元更换多级火花塞就使自己的爱车有明显的性能提升，那最终的结果会以失望居多。

3. 选用合适热值的火花塞

火花塞的热值是衡量热负荷能力的指标，它必须和发动机的性能相匹配，最简单的改装方法就是采用与原车相同热值型号的改装火花塞进行更换即可。如果更换的火花塞的热值与原车的不匹配，会造成火花塞的工作温度过高或过低。火花塞的工作温度过高，混合气在进入燃烧室时会被过热的火花塞点燃，形成过早点火；火花塞温度过低，火花塞绝缘体很快会被燃烧不完全的沉积物所污染，使绝缘体裙体表面的绝缘电阻降低，减弱点火火花的能量，严重时会出现缺火现象。

火花塞的热值有冷型和热型两种，如图 4-11 所示。冷型的火花塞外部绝缘体较短，优点是热能传送至冷却系统的路程较短，使得点火延后，适用于高转速或高性能的发动机；热型火花塞外部绝缘体较长，优点是价格较低，缺点是热能传导至冷却系统的路程较长，导热效率也会因而变差，致使火花塞产生的热量较难散发，适用于低性能或压缩比低的车型。

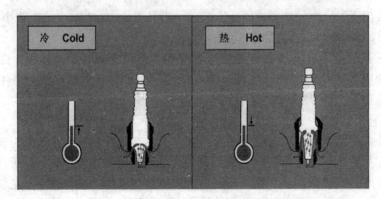

图 4-11　火花塞的热值

火花塞热值为 5～13 度，数值越大，火花塞就越"冷"，即所谓的冷型，适合高转速高压缩比的引擎使用；数值越小，火花塞越"热"(热型)，适合低压缩比引擎使用。较冷火花塞的制作比一般产品更加精良，所以在发动机高转速时，它能保证点火的准确性和质量，从而保证发动机极限时的最大功率。另外其电阻也被控制得非常小，点火次数的绵密丝毫不因转速的升高而有所遗缺，所以使用较高度数的火花塞对习惯拉高发动机转速换挡或竞技运动型的驾驶员是大有益处的。但是如果改用度数过高的火花塞，就会出现启动困难，低速不稳的情况。例如在广东这种亚热带天气下，5～8 度的火花塞比较适合(普通汽车使用 5～6 度，也可改为 6～8 度，具体要视实际装车后反应而定，一般市区使用车建议最高以 7 度为准)，而 9 度以上的则只有在酷热的天气下的赛车才用得上。

4.4.2　高压线改装

　　高压线是将高压线圈发出的高压电传输到火花塞的导线。一组优良的高压线必须具备最少的电流损耗及避免高压电传输过程产生的电磁干扰。

　　原车配备的普通高压点火线通常都是单芯的，而且在制造时会人为地将线设计成约 5 kΩ 的电阻值，以便使车载音响和车载电脑等不会受到电磁干扰而无法正常工作，但是这个设计也会把部分高压点火能量消耗掉，导致原车配备的普通高压点火线因耗电量大，点火能力变差，车辆的动力性下降。所以，为了改善高压点火线的点火能力，提高车辆的动力，必须要对其进行改装，换用高能量高压点火线。从内部结构来说，高压点火线有单芯、三芯、四芯、五芯之分。理论上是芯体越多，电阻越小则点火强度越高，价格也越贵。但芯体太多，电流过强，如果不采用特殊的包装和屏蔽材料，就会产生电磁干扰使车载音响和车载电脑受到电磁干扰而无法正常工作，而且火力过强还容易引起汽车发动机的不适应，从而导致汽车发抖、降低点火线圈和火花塞寿命等症状。

　　一般汽车上高压线的改装方法是将装导线包覆的材料换为矽树脂的高压线(如图 4-12 所示)，干扰的问题就可以解决，电阻值也可大幅降低，高压电流因传输而造成的损耗就可降低。原装高压线内部是铜线，外面包着的是耐热橡胶；矽制线内部是碳芯，外边包着两至三层矽树脂作绝缘体及放热。铜线的导电能力极高，甚至比矽导线用的碳芯线更好，但头尾插头的导电性稍差，并且在发动机高转速时发出很大的电磁波干扰车内的音响系统，而外面的橡胶也会因为发动机的高温而烧熔。

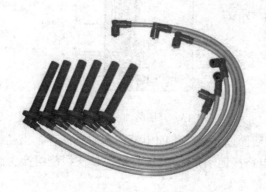

图 4-12　五芯高压点火线

　　注意事项：改装高压线必须要改装火花塞，因为使用改装高压点火线以后使火花塞发出的电火花更强，火花塞的温度比未改装前大大提高，如果还使用普通合金的原配火花塞，会缩短火花塞的寿命，所以建议同时换装双白金或铱金等贵金属材料火花塞。汽车改装是一个整体协调配合的问题，单独追求某一方面，有时反而会适得其反。

4.4.3　点火线圈改装

　　在汽车发动机点火系统中，点火线圈是为点燃发动机气缸内空气和燃油混合物提供点火能量的执行部件。它基于电磁感应的原理，通过关断和打开点火线圈的初级回路，使初级回路中的电流增加然后又突然减小，这样在次级就会感应产生点燃火花塞所需的高电压。点火线圈可被看作一种特殊的脉冲变压器，它将 10～12 V 的低电压转换成 25 000 V 或更高的电压。点火线圈的改装主要包括两个方面。

1. 改用高能点火线圈

我国汽车点火线圈有两种典型的结构形式。

1) 开磁路油浸式点火线圈

开磁路油浸式点火线圈主要由初级绕组、次级绕组、铁芯、外壳等组成。初级绕组由 100～250 匝导线组成，如图 4-13 所示，绕于次级绕组的外侧，正极、负极分别与外壳上的正极端、负极端相连接。绕在软铁芯上的次级铜线绕组，包含了直接绕在铁芯上的几千匝甚至上万匝导线，正极与初级绕组的正极连接，负极与外壳上的高压输出端连接。次级绕组导线匝数与初级绕组导线匝数的比值确定了线圈的输出电压。开放式铁芯构成点火线圈的磁路。

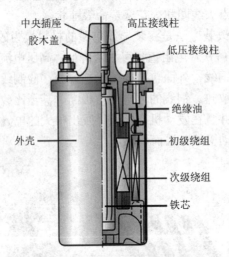

图 4-13 开磁路油浸式点火线圈

开磁路油浸式点火线圈以初级绕组的电流作为磁场储存，当初级绕组电流突然被切断(通过功率晶体管断开电路接地端)时，磁场衰减，使次级绕组产生感应电动势，该感应电动势的电压足以使火花塞放电。

开磁路油浸式点火线圈的缺点：一是开磁路结构漏磁通较大，转换效率较低；二是绝缘硅油会挥发、溢出，造成绝缘下降，易击穿；三是体积较大。

2) 闭磁路固体式点火线圈

闭磁路固体式点火线圈主要由初级绕组、次级绕组、铁芯、外壳以及固体填充物等组成，如图 4-14 所示。该点火线圈的铁芯是闭合磁路，大大增强了能量的转换效率，提高了输出电压，使火花塞更容易点火。另外，为减小铁芯引起的涡流损耗，点火线圈大多采用 0.35 mm 或 0.5 mm 厚的硅钢片叠成口字或日字形，并开有 1.5 mm 左右的气隙来避免铁芯磁饱和，提高转换效率。闭磁路固体式点火线圈采用的固体填充物主要是热固性环氧树脂，其耐压绝缘性好、散热性、密封性均非常优越。

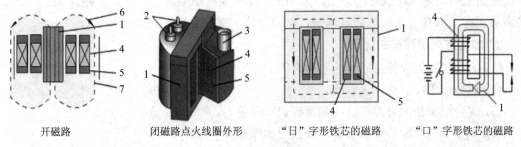

开磁路　　　闭磁路点火线圈外形　　"日"字形铁芯的磁路　　"口"字形铁芯的磁路

1—铁芯；2—低压路点火线圈外形；3—高压插孔；4—初级绕组；5—次级绕组；6—磁力线；7—导磁钢套

图 4-14　闭磁路固体式点火线圈

　　闭磁路固体式点火线圈是利用每次的点火间隔，将点火能量储存于电容器的电场中，点火时再被释放出来，因此比起传统的点火系统能产生更大的点火能量。该点火线圈在一次点火放电的过程中可产生多次连续的高压放电，点火能量可达一般点火系统的十倍，所以这种点火线圈又称为高能点火线圈。闭磁路固体式点火线圈的优点：一是闭磁路结构，磁力线集中，能量转换效率高；二是耐压绝缘性好，散热性好，产品性能、可靠性高；三是体积较小，适应汽车空间的需要。

2. 改用电容放电点火系统

　　原厂使用的大都是电感线圈放电系统，其原理是以一定的电流向线圈充电，形成高压电后在分电器触点接通的瞬间击穿相应气缸内火花塞电极之间的气体，产生火花。这种设计的弱点是储存电能需要一段较长的时间，在高转速时系统会因充电时间不足而致使火花能量变弱，令车辆损失动力。

　　电容放电点火系统利用每次的点火间隔将点火能量储存于电容器的电场中，点火时一次性释放。因此，改装电容放电点火系统能产生比传统点火系统更大的点火能量和更长的点火持续时间。电容放电点火系统包括一个与点火线圈的初级绕组相连的电荷储存装置，该点火线圈有与点火系统相连的次级绕组；还有一个用来使电荷储存装置放电的开关装置，以便为初级绕组提供初级电流，使点火装置产生火花。开关装置在电荷储存装置完全放电时，切断初级电路中的初级电流，在初级绕组中感应出一个反向电动势，再次产生火花，从而增加整个点火持续时间。该系统中还设有调整电荷放电率的装置，可以先获得一个产生火花的第一放电速率，然后再获得一个低的放电速率，维持该火花，从而增加总的点火持续时间。

4.4.4　加装点火增强器

　　汽车加装的点火增强器是一种提高点火能量的装置，如图 4-15 所示。其特点是用高频升压电路通过整流给电容充电，晶体管串联在点火线圈与地之间，由于电能是连续、不间断地给电容充电，再加上晶体管的导通时间很短，故该装置具有放电迅速，能量充足，打出的火花粗壮、明亮等特点，可在各种不同发动机气缸燃烧条件下充分点火，使发动机低温

图 4-15　点火增强器

启动更加顺畅，燃油燃烧更加完全。经测试，加装点火增强器后，扭力可提升 5%～15%，输出功率提升 15%，全转速行驶顺畅，动力充沛，省油最高可达 5%。

1. 加装点火增强器的优点

(1) 大幅提高点火能量，优化点火时间。

(2) 缩短引擎冷启动点火时间。

(3) 提升引擎扭力马力，油门响应轻快、灵敏。

(4) 减少低档行驶的顿挫现象，换挡更加顺畅。

(5) 气缸燃烧更加充分，排放更加环保。

(6) 减轻怠速抖动的现象，使其变得更加平稳。

(7) 减少杂波干扰，提高车载音响系统的音质效果。

(8) 减轻电瓶及原车电器电路系统负荷，延长使用寿命。

2. 点火增强器的改装步骤

点火增强器安装示意图如图 4-16 所示。

(1) 剪线。找到点火线圈 12 V 供电线并剪断。

(2) 接线。黑色线搭铁，红色线接原厂 12 V 供电线，黄色线接入点火线圈供电线。线路接头要用烙铁焊接牢固，并用绝缘材料包扎好。

(3) 装入支架。线路连接完成后，将点火增强器装入不锈钢支架。

(4) 固定。找到合适的位置将点火增强器固定好，并理清线路。

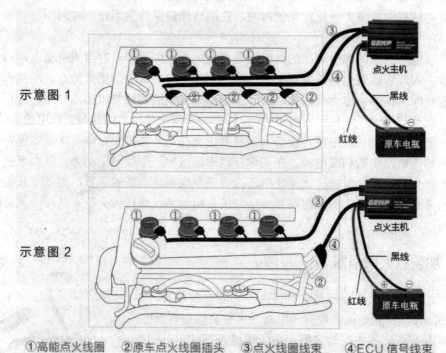

①高能点火线圈　②原车点火线圈插头　③点火线圈线束　④ECU 信号线束

图 4-16　点火增器安装示意图

4.5　点火系统改装案例

4.5.1　大众高尔夫 6 1.4TSI 点火系统改装案例

1. 改装案例介绍

本案例的改装车型为大众高尔夫 6 1.4TSI，改装项目为点火系统，选取改装产品为力爽 SPE 点火增强系统，产品细节如图 4-17 和图 4-18 所示。

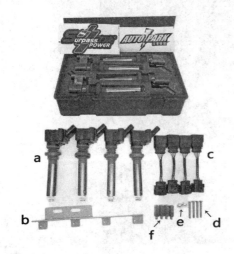

图 4-17　点火增强系统组件

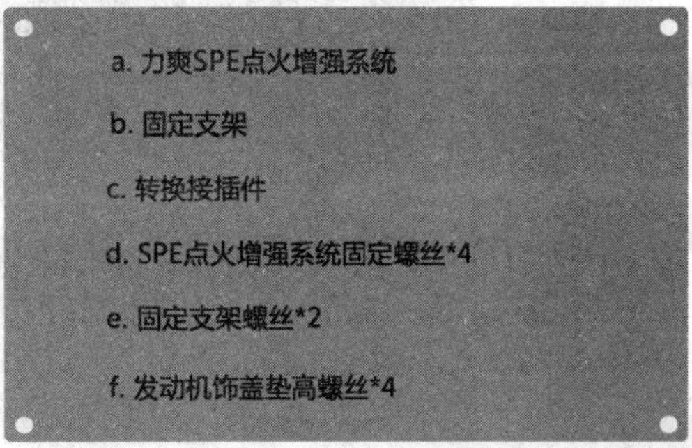

a. 力爽SPE点火增强系统

b. 固定支架

c. 转换接插件

d. SPE点火增强系统固定螺丝*4

e. 固定支架螺丝*2

f. 发动机饰盖垫高螺丝*4

图 4-18　力爽 SPE 点火增强系统组件说明

2. 改装操作步骤

(1) 拆除发动机饰盖。

(2) 拔掉箭头所示的三根管子，如图 4-19 所示。

图 4-19　拆除发动机饰盖及相应管路

(3) 拆掉原厂的点火高压线圈和底下的布线槽，如图 4-20 所示。

图 4-20　拆除原厂点火线圈及布线槽

注意拔插头时，最好从左到右贴上 1、2、3、4 的标签，从而避免接回时会弄错所对应的气缸。

(4) 安装力爽 SPE 点火增强系统，如图 4-21 所示。

图 4-21　拆除后的引擎舱

(5) 安装固定支架，用 2 颗支架螺丝连同支架，一起拧到发动机缸盖上的 2 个预留口。注意：螺丝先不要扭紧，要保持适度移位的状态，如图 4-22 所示。

图 4-22　安装固定支架

(6) 将 SPE 一次插好，然后用 4 个固定螺丝分别对位拧紧，此时再把固定支架的 2 颗螺丝拧紧，如图 4-23 所示。

图 4-23　安装和紧固固定螺丝

(7) 按顺序接上转换接插件,然后接回箭头所示的三根管子,如图 4-24 所示。力爽 SPE 点火系统已经基本安装完成,检查完线组和螺丝后,可以启动发动机,并检查是否有故障代码;如一切正常,安装发动机饰盖。

图 4-24　安装接插件和管路

(8) 安装发动机饰盖垫高螺丝,前后各 2 颗垫高螺丝,箭头所示为垫高螺丝安装好的样子,如图 4-25 所示。

图 4-25　安装饰盖垫高螺丝

(9) 最后把发动机饰盖装上,机油尺必须竖着插进去,如图 4-26 所示。

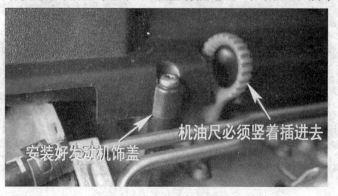

图 4-26　安装发动机饰盖

(10) 安装完成，如图 4-27 所示。

图 4-27　安装完成

4.5.2　英菲尼迪 Q50 2.0T 点火系统改装案例

1. 改装案例介绍

本案例的改装车型为英菲尼迪 Q50 2.0T，改装项目为升级 SPEED FORCE 点火线圈，选取改装产品为：SPEED FORCE 点火线圈，产品细节如图 4-28 所示。

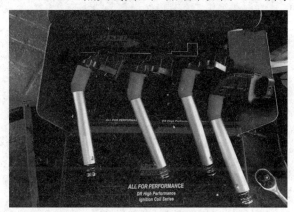

图 4-28　产品细节

点火线圈改装操作过程当中所需的工具，如图 4-29 所示。

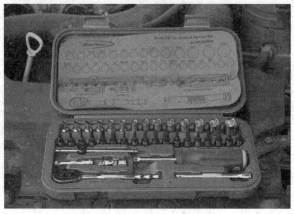

图 4-29　改装工具

2. 改装操作步骤

(1) 将电池的引线拆下，保持断电状态。打开引擎盖，移除发动机饰盖；厂家设计时发动机饰盖是从上往下卡扣安装的，所以拆除时可以直接往上拎；发动机饰盖下面为发动机部分，最上面的盒子是发动机 ECU，同样采用卡扣设计，如图 4-30 所示。

图 4-30 移除盖板

(2) 向上掀发动机 ECU，从卡扣中脱离；将拆除后发动机 ECU 翻到一侧，下方为点火线圈，如图 4-31 所示。

图 4-31 拆除 ECU

(3) 移除发动机 ECU 固定支架，固定支架采用 5 颗螺丝固定；在支架上有一个连接插头，拆除时向左边就可以拔下来；接着将线束盒子松掉，使操作空间变大以方便拔掉点火线圈插头，如图 4-32、图 4-33 所示。

图 4-32 将 ECU 翻至一侧

图 4-33 移除 ECU 固定支架

(4) 断开点火线圈线束连接器插头；首先，使用小号一字起将插头后方的保险片向后拨，然后向下按压，即可拔下连接线束，如图 4-34 所示。

图 4-34 断开线束连接器插头

(5) 拆除点火线圈高压包固定螺母，取下点火线圈高压包，如图 4-35 所示。由于原厂高压包与点火杆采用分体设计，通过卡扣连接，无法一起取出，拆除时应注意将两者分离取出。图 4-36 为原厂件与 SPEED FORCE 点火线圈对比图。

图 4-35 拆除点火线圈高压包

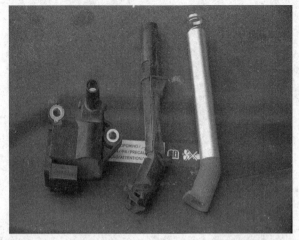

图 4-36　原厂件与 SPEED FORCE 点火线圈对比图

(6) 对位楔形部分，分别将 4 个高压包及其内部的线圈更换上去，接头端压在火花塞上面；4 支换装完成后，按原顺序安装回位即可，如图 4-37、图 4-38 所示。

图 4-37　对位楔形

图 4-38　固定线圈

(7) 固定好点火线圈后，接回点火线圈插头，卡扣扣好，保险片推回；按照拆卸时的相反顺序，装回发动机 ECU，如图 4-39 所示。

图 4-39　ECU 复位

(8) 安装完毕，恢复原车状态，试车测试完点火系统性能后，装回发动机饰盖，如图 4-40、图 4-41 所示。

图 4-40　恢复原车

图 4-41　路试

第五章 ECU 升级改装

5.1 ECU 概述

ECU(Electronic Control Uint)即电子控制单元，又称"行车电脑"、"车载电脑"，是现代汽车上必不可少的管理系统，如图 5-1 所示。其最主要作用是根据空气流量计及各种传感器输入的信息进行运算、处理、判断，然后输出指令，向喷油器提供一定宽度的电脉冲信号，以控制喷油量。

ECU 的主要组成部分是单片机，由微处理器(CPU)、存储器(ROM、RAM)、输入/输出(I/O)接口、模数转换器(ADC)以及整形、驱动等大规模集成电路组成。其中，CPU 是核心部分，具有运算与控制的功能。在发动机运行时，ECU 采

图 5-1 汽车 ECU

集各传感器的信号进行运算，并将运算的结果转变为控制信号，控制被控对象进行工作；它还实行对存储器(ROM、RAM)、输入/输出接口(I/O)和其它外部电路的控制；存储器 ROM 中存放的程序是经过精确计算和大量实验获取的数据为基础(所以对各生产厂来说是绝密的)，这个固有程序在发动机工作时，不断地与采集来的各传感器的信号进行比较和计算，然后根据比较和计算的结果控制发动机的点火、空燃比、怠速、废气再循环等多项参数。它还有故障自诊断和保护功能，当系统产生故障时，它还能在 RAM 中自动记录故障代码并采用保护措施，从上述的固有程序中读取替代程序来维持发动机的运转，使汽车能开到修理厂。

在一些中高级轿车上，不但在发动机上应用到 ECU，在其他许多地方都有应用 ECU。例如防抱死制动系统、四轮驱动系统、电控自动变速器、主动悬架系统、安全气囊系统、多向可调电控座椅等都配置有各自的 ECU。随着轿车电子化、自动化的提高，ECU 将会日益增多，线路会日益复杂。为了简化电路和降低成本，汽车上多个 ECU 之间的信息传递就要采用一种多路复用通信网络技术，将整车的 ECU 形成一个网络系统，也就是 CAN 数据总线。

目前市面上主流的 ECU 升级品牌有 ACR Racing、AllCar Racing、MTM 等。

ACR Racing 成立于 2011 年，是一家专业的奥地利 ECU 改装公司，在世界各地拥有超过 60 个经销商，全球已经有超过 10 000 辆车安全使用过 ACR Racing 的产品，这使其成为该领域的佼佼者，其标志如图 5-2 所示。历经多年的发展和产品研发，ACR Racing 对街车乃至赛车的电脑改装有相当丰富的经验。ACR Racing 厂房内设有马力机，可快速地测出 ECU 改装后的升级效果。

图 5-2　ACR Racing 标志

　　如何较快的提升汽车动力？那便是将汽车的行车电脑 ECU 数据进行优化。ACR Racing 为刷写式电脑，需要用到专用的设备对 ECU 进行升级，通常情况下不需要拆下原装 ECU(部分车型可能需要拆下原装 ECU)，只需要直接从 OBD 接口获取原装 ECU 的数据，并将数据经由专业技师进行刷写，然后将刷写完毕的数据发送回来，将 ECU 数据通过 OBD 读入即可。刷写 ECU 是相当漫长的过程，需要足够的耐性去等待。根据车型的不同，ACR Racing 的 ECU 刷写工作需要 2～4 小时，这算是相当快的速度了。相比其他的写入式 ECU 改装品牌，ACR Racing 的改装手法算是比较保守，他们通常不主张朝着引擎的最大极限方向走，而是在可行理性的范畴内升级，只对部分赛车进行激进的 ECU 刷写，以确保不对引擎造成致命内伤，当然这也是从日常实用性方面考虑的。

　　AllCar Racing S.R.L 1990 年在意大利罗马成立，之后的 26 年里，一直致力于建立原厂引擎或强化引擎的全新工况，提供更大的马力与扭矩的输出，其标志如图 5-3 所示。

图 5-3　AllCar Racing 标志

　　AllCar Racing 销售网络遍布欧洲、亚洲、美洲，涵盖大部分的性能引擎并能满足大部分客户的调试要求。

　　在意大利罗马总部(完整的动力总成实验厂)、波兰的代理商(完整的动力总成实验厂)、韩国代理商(完整的动力总成实验厂)、英国代理商(完整的动力总成实验厂)、中国代理商(完整的动力总成实验厂)处都拥有各种品牌的马力机。ACD Racing 公司提供在世界各地油品条件下的轮上马力与扭力测试结果的 Ecu 程序，供客户参考。

　　AllCar Racing 提供全面的后市场引擎调试服务，覆盖 70%以上车型。根据引擎周边硬件情况分为 Stage1～Stage4 四个阶段程序，对于一阶段原厂动力总成硬件的车辆，提供有限的硬件质保。

　　MTM 取自德文 Motoren Technik Mayer(Mayer 引擎科技公司)的缩写，其标志如图 5-4 所示。创始人 Roland Mayer 曾经在奥迪 Quattro 研发工程师 Walter Treser 所创设的改装厂 Treser 中担任电装师傅，后来 Treser 移并至 Quattro 旗下，Mayer 便独立出来，于 1990 年创办了 MTM。MTM 总部位于奥迪总公司所在地，德国英格斯塔特北部一个叫做威茨特腾的小镇上，两者之间的距离不到 20 公里，由此可见他们与奥迪之间关系的深厚。

图 5-4　MTM 标志

　　MTM 最擅长也是针对奥迪车型的动力改装，其代表作包括曾创下纪录的 MTM RS3(535 匹马力)、MTM RS4(602 匹马力)、MTM S3(376 匹马力)等，甚至还有像搭载双引擎的奥迪 TT，其最大马力达到了 500 hp。这套让人咂舌的双引擎动力系统名为 Bimoto，前后轴各使用一台 1.8 L 发动机，没有连接前后轮的传动轴，而是采用前引擎驱动前轮、后引擎驱动后轮的模式。无论你选择的是哪款奥迪车辆，这家巴伐利亚的公司总有办法改进它，他们对于奥迪汽车的熟悉程度不亚于任何父母对自己的孩子。

5.2　ECU 工作原理

　　ECU 主要由输入电路、微机和输出电路三部分组成，如图 5-5 所示。

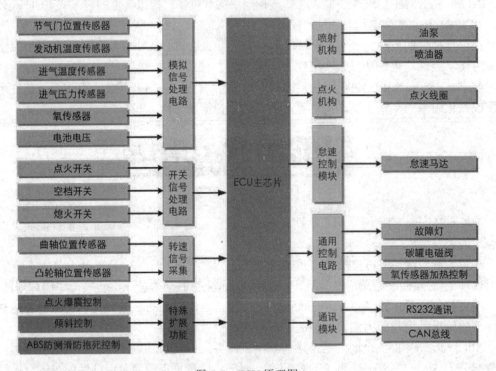

图 5-5　ECU 原理图

　　发动机工作时，燃料在气缸内燃烧需要一定比例的空气，即空燃比。汽车发动机的理论最佳空燃比值是 1：14.7。由于汽车的行车速度并不是固定的，行车速度越高，需要的功率越大，发动机的节气门便需开启更大的角度，吸进更多的空气来燃烧更多的燃料。为了保持稳定的空燃比，汽车的供油系统必须相应的修正燃料的供应量。此外，发动机在不同的转速，尤其是在一些特殊工作状况下，如起步、急加速、急减速等，对混合气体浓度会有特别的要求。另一方面，活塞的运动周期也会因发动机的转速而改变，因此汽车只有能够随着转速的高低来调节点火时间，才可以发挥发动机的最大性能。能够在每个不同的时刻和工况下都控制最适量的可燃混合气进入发动机内完全燃烧，是自汽车发明后工程师们一直追求的最理想境界。以前机械式的化油器和点火系统始终达不到这样全面而完美的效果，直至计算机化的电子 ECU 出现才把这种情形完全改观。

　　ECU 的作用相当于一个中枢神经，里面储存了大量对应不同天气环境与发动机工况下理想的燃油供应值和点火正时值组合。ECU 通过对来自众多传感器的进气管空气流量、进气温度、节气门的开启角度、曲轴位置等数据进行汇集、分析和计算，在千分之几秒内调节供油量来配合实时的环境和工况，再在形成理想比例的混合气进入气缸后发出点火指令，保证气缸内的燃料在最佳时机完全燃烧，在减少废气排放物和燃油消耗之余也提高了燃烧效率，增强了发动机的功率和扭矩。

5.3　ECU 改装目的

5.3.1　改装目的

　　行车电脑改装，简单地说，就是改变原车计算机内所设定的程序，变更计算机对于发动机各部件的管理与控制范围，达到动力提升的一种改装。其改装目的是：

1. 对原厂 ECU 升级

　　汽车厂家设计 ECU 时必须兼顾到耐用、经济以及环保等多方条件，所以原车 ECU 所设定的范围也都比较保守，当然也存有一定的升级空间，可以在汽车使用中进行。另外，升级 ECU 可以提高发动机性能。

2. 配合硬件改装而升级 ECU

　　在大多数情况下，发动机的硬件改装必须对 ECU 进行调校才能发挥出应有的效能。忽视 ECU 部分，不但应有的动力发挥不出来，有时还会适得其反，影响动力表现甚至威胁到发动机安全。汽车出厂时 ECU 的设定，是厂家根据车辆的原车硬件配置调校的，一旦改变原厂硬件设置，对应的发动机工况和一些传感器数据值也会相应地发生改变，而原厂 ECU 的设定未必可适应这种改变，而且一旦改变程度太大，超出原厂 ECU 的设定范围，可能会因为 ECU 无法正确判断而造成硬件的损坏。(所以，很多车主改装排气而不改进气，更多车主追求好看，而忽略了 ECU 的调校，车辆根本发挥不了以前的发动机性能，甚至还不如以前的发动机动力，在此更要注意，如果车主对车辆进行升级或者改装，应事先咨询一下ECU 工程师，是否需要对 ECU 进行升级或调校。)

3. 适应不同使用环境的需要

　　ECU 生产厂商均为国际跨国企业，如 BOSCH、SIEMENS、MM 等，产品销售覆盖全球。因每个国家汽油品质、温度、大气压力、湿度、引擎形式上的差异，ECU 程序软件设定上须符合各国的条件，由于现代的汽车要适应各种天气、环境(如高原、沙漠、严寒和劣质汽油等恶劣条件)及各种驾驶者的不同要求，同时也要保证这种复杂的情况下依然能够自如的行驶并通过严格的尾气排放、油耗标准，因此在大多情形下，原装 ECU 内的程序是一个符合众多条件的最佳妥协，这样才不致"水土不服"，故在设定上保留有很多的空间可供改装。另外，汽车品牌厂商在调校发动机参数时一般是要考虑发动机在最恶劣的环境或者是长时间不保养状态下也能正常使用，也就是说整车厂商总是按最保守的方式来设置发动机输出，所以，车主只要能保证定期给汽车做保养，就完全可以通过重新调校发动机参数来获得更大的输出从而获得超凡的驾驶快感。

以空燃比(AFR)为例,原厂编程员可能会把某些行车情况下(如在等速行车时)的空燃比调得低一点(即油少气多)来减低油耗,以便通过一些国家的油耗测试标准,在其他的时间里原厂 ECU 的 AFR 大都会设定在 1∶14.7,因为这是最容易满足尾气标准要求的比例。但对大部分发动机来说,能发出最大动力的 AFR 却是在混合气较浓(即油多气少)的范围内。同样为了拓宽车子的燃油适应性(不同地区的不同标号的燃油),原厂设定的点火提前角一般都可适应较低标号的燃油(发动机在不同的点火提前角点火时输出功率是不一样的),也就是说你现在发动机的点火提前角未必与你现在使用标号的燃油搭配最佳,如果可以把原装程序向偏向动力表现方面修改一个,便能把马力增大 5%~8%,有些 turbo 车甚至可达 15%。

5.3.2   ECU 改装的优点

(1) ECU 改装可使自然吸气的发动机提升 5%~15%的马力和扭矩,扭力最佳点比原厂设定提前响应,因此小排量车型原车一二档换挡时发抖问题会因此消失,换挡变得平顺。

(2) ECU 改装可使带涡轮车型增加 30%或以上的动力和扭矩。另外原装带涡轮车型一般设定发动机转速在 1800 r/min 左右涡轮才起作用,而改装 ECU 后,涡轮会更早地介入,约在 1500 r/min 涡轮就介入,从而使扭矩更早地发挥,最大扭矩输出曲线变得更宽,因此也会使汽车相对原车更加省油。

(3) ECU 改装后自动挡车型换挡会变得更平顺,动力衔接更顺畅。正常驾驶时相对原车会较早换挡从而达到省油的目的,反之急加速时会延迟换挡,使提速更加迅猛,从而会享受到更强的推背快感。

(4) ECU 改装可解决许多原厂无法解决的问题如:怠速过低、易熄火、区段引擎爆震问题、自动变速箱换挡震动等问题,发动机转速提升非常明显,有些甚至是改装升级前的 2 倍以上。

(5) ECU 改装是目前最简单、最快捷、最有效的改装方式,绝大部分车型无需拆卸任何原车硬件,仅仅通过每台车自带的 OBD2 车载诊断接口即可读写 ECU 程序。

(6) ECU 改装不影响回原厂保修,不影响汽车年审的前提下进行整体动力性能的提升。机械改装到一定程度假如电脑不升级,改出来的产品是不能发挥它的最大效能的,比如我们改了一条排气管,马力增加了 6 匹,但电脑升级后可能达到 10 匹,这就是升级电脑的附加价值。

5.4   ECU 改装

5.4.1   刷 ECU

由于汽车电子技术的不断进步,汽车 ECU 升级已经由原来的发烧级改装阶段变成了现在的普及性改装,只要重新刷写一个升级程序就会把原车马力提升上来,而且还不需要改动原车的任何硬件部件就可以实现。其实，为什么可以实现马力提升？答案就是，现在发动机的生产技术已经非常成熟，涡轮增压的车辆越来越普及。汽车生产厂家为了让引擎更加耐用，相当刻意地把引擎的输出功率调低，而这时如果刷一下电脑，就相当于打开了被"封印"的马力。

发动机工作在各种转速、档位、负荷、温度等条件时"所对应"的进气量、喷油量、点火时间等信息，以数据库方式记录在 ECU 中，这个数据库称为"M.A.P."。

刷 ECU 的实质就是修改这个"M.A.P."，实现改变控制发动机的数据，影响发动机的运转，在引擎可承受范围内，达到所需要的效果。

刷 ECU 是通过改变原车的发动机运转指令，来释放原厂过度的保守设定，让发动机达到一个相对高效的运转状态。

在改装圈，大众奥迪一系车型，首当其冲的被破解了原厂 ECU，充分消受大众奥迪引擎的"制造余量"。多数驾驶员不理解 ECU 的调校技术，一对一的解释效率过于低下，还未必能完全解释清楚。所以机智的欧洲技师们，制作出"一阶、二阶、三阶"名称，将 ECU 变成概念性商品，使得车友们更容易接受。

实际上，这些名称并不是真正意义上的改装术语，只是形容某个阶段的某个状态，属于改装产品的商业描述词，主要针对涡轮车的动力提升改装。

ECU 升级必须了解 ECU 调校一阶、二阶、三阶的概念。

1. 一阶 ECU 调校

一阶 ECU 程序是最基础的调校，不需要对车辆硬件进行改动，在原厂状态下修改 ECU 的部分数值，达到增加马力和扭矩的目的。这种改装方式成本最低，改装效果相对保守，关键保证了不能超出原厂硬件，如进排气的宽容度范围。

以现在的增压车型为例，一阶 ECU 程序，可以使车辆获得 20% 左右的动力提升，而且可以极大地提升车辆低扭，进一步减小涡轮迟滞的感觉，让加速感觉更顺畅，踩油门有种大排量自吸的感觉。

2. 二阶 ECU 调校

如果在一阶程序的基础上，进一步提高发动机输出，可以利用泄压阀增大原厂涡轮的增压值来增加马力和扭力，但它会使涡轮负荷变大，进气效率不够，排气的背压过高，对发动机产生很大隐患。此时就需要"伤筋动骨"了，即改装进气空滤或冬菇头，全段排气、以及泄压阀和弹簧，才能适配，如图 5-6 所示为 ACR Racing ECU 升级工具。

图 5-6　ACR Racing ECU 升级工具

与一阶程序相比，二阶程序压榨了更多的动力，同时加强了主要部件的动能性。它的改装效果十分明显，也是广大改装车车主最喜欢的选择。

3. 三阶 ECU 调校

三阶 ECU 程序的刷写，无疑是改装发烧友的选择，如图 5-7 所示为 ACR Racing ECU 升级软件界面。它是在二阶的基础上，大幅度提高 ECU 动力参数；需要改装更大的涡轮，并适配更大的中冷、油冷，改装强度更大的曲轴连杆等，来保证发动机处于最佳工作状态。

相较于前两个阶段，它拥有更理想的动力和扭矩输出；但对发动机各个部分都有较高要求，甚至汽油品质也要更高品质的。这种改装成本高、周期长并且对车的损耗也不小，但对于发烧友来说，生命不息，折腾不止，改装的过程就是这么有趣！

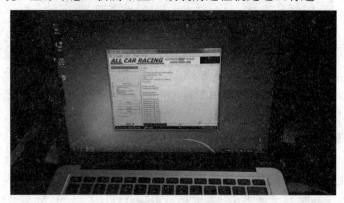

图 5-7　ACR Racing ECU 升级软件界面

除了上述三种，还有一种"特调 ECU 程序"。它应用于赛车比较多，车辆要进行全副武装，邀请专业的 ECU 调校师，现场跟车，根据赛道来编写最佳设定。也有醉心于此的发烧友，让调试师根据车子的实际情况，在公路上或者马力机上制定出能完全适配且让车主满意的程序设定。

理论上的 ECU 特调，是很复杂且费时费工费汽油的过程。其中不仅要完成日常行驶工况的调校，包括起步、行驶中的顿挫等等，还要驯服整车平顺性的调校，这也是最难的。所以不能完成最大马力扭矩就收工，否则车子很可能把你扔大马路上。

总而言之，刷写 ECU 程序，是建立在保证汽车使用寿命和行车安全的基础上的，它能让行车电脑变得更聪明。

以现在的技术而言，ECU 升级主要有四种，针对不同的车型可采用不同的方法进行施工。

5.4.2　ECU 升级方式

1. 改写程序

通过 OBD 接口写入的方式修改替换原厂程序，如图 5-8 所示。保留原厂的全部控制逻辑关系，只是修改其中的部分数值达到提升动力的效果。这种方式的优点在于保留原厂所有补偿和保护功能，完整度高，不影响 ECU 其他控制功能的正常使用；不足的地方是车型受限，有很多品牌的 ECU 的读写协议是保密的，不支持直接改写。

图 5-8　工程师正在对 ECU 升级

近些年新型号车的 ECU 都使用了可以多次重复读写的 FLASH-ROM(快闪记忆)芯片，在修改程序时不用更换空白芯片便可直接加载。最新的改装原装 ECU 程序的方式是，经销商通过车载自诊断系统(OBD)提供的借口直接与 ECU 连接，利用原装的数据记录功能把行车数据记录下来，然后电邮给程序改装商。程序改装商收到数据后便按车辆的实际情况来分析和修改，修改后再回传给经销商下载回 ECU，这是现时最方便的 ECU 改装方法。

编写与提升发动机动力有关的部分程序是非常专业的工作，原装 ECU 里的程序是个别厂家的自主程序，要改写的话先要破解保护程序的密码，还要学习专用的参数形式和应用程序。最重要的是，改写发动机的程序是非常复杂的工作，稍有不慎便会使发动机受到严重损伤，因此大部分的程序改装商都不设供车主甚至是经销商自行调校的功能。

改写程序的优点是引擎原有的保护程式是不会被改变并且能在确保安全的情况下，最大限度提升输出功率，确保使用寿命。但是，由于要保证原车使用安全稳定，因此调整起来限制可能会比较多，而且需要有在线厂商技术支持调校。

目前，常见的升级设备品牌有 KESS、KTAG(如图 5-9 所示)、CMD 等专业设备。

图 5-9　KTAG 编程工具

2. 更换芯片

更换存储程序芯片是在 20 世纪 90 年代流行起来的 ECU 改装方式，现只适用于老款车型的 ECU(如图 5-10 所示)。由于老款的 E-ROM 芯片仅可写入程序一次，因此每次修改程序后都须用刻录机把程序刻入空白芯片来替换出原来的芯片。更换不同编程的芯片时，要把 ECU 的背板拆开，拔掉原来的芯片再换上新的芯片，才能完成整个改装程序。

图 5-10　更换芯片式 ECU 升级

3. 外部挂接

外部挂接就是在原装 ECU 的外部挂接一部可调式电脑(如图 5-11 所示)，与原装 ECU 一起使用，其控制机制是利用"截取"或"绕过"原装传感器至 ECU 间的线组，把传送去 ECU 的数据更改，欺骗 ECU 发出改变供油量的点火时间等指令。大部分外挂电脑会有一个按不同车型编写的程序随机附送，一般情形下会有不错的表现。此类型产品最大卖点是它的可调性。不同品牌和级别的外挂电脑可提供不同的调校空间，例如有些高档型号允许大幅度改动供油和点火、Turbo 发动机的增压值、凸轮轴行程可变及正时可变系统的开关时机和发动机的断油限制等，但有些基本型产品调校范围和功能就少得多。如果车辆的动力系统已经大幅改装，重要的性能数据如压缩比、涡轮增压值等已大幅偏离原厂标准，调校适宜的外挂电脑可以把发动机改装后的潜能完全发挥出来。由于原装 ECU 的存在，只要安装正确，车辆的电子设备和发动机保护功能等都不会受到影响。但在使用这类计算机做调校时要非常小心，稍有不慎就会损坏发动机，建议调校工作交由专业人员处理。

图 5-11　HKS F-Con V Pro 外挂电脑

外部挂接的优点是适合大多数车型改装，改装简单，这种调教可以说是提升最大且更能让引擎发挥出强劲的性能。目前使用外挂电脑的车辆仍然存在，不过大部分是赛车上使用，因为赛车上使用调教极端也并不是问题。

但是，外挂电脑调教其实是很考验个人技术的，由于是未经过原厂电脑前的调教，所以基本很难确定调教的效果如何，很多时候会让引擎的寿命也受到影响。由于是通过外挂电脑提供虚假信号提给原车ECU，所以在使用一段时间后，有些车会偶尔出现亮引擎故障灯的问题。

HKS F-Con V Pro可以说是早段时间相当闻名的电脑，当时几乎所有重改车型都能够发现它的身影，而且后期其功能更是强大的可以直接作为取代式的电脑。

4. 更换ECU

更换ECU就是用新型功能强大的ECU替换原装的ECU，新型ECU可以完全独立运行和指挥发动机工作，如图5-12所示。更换ECU的好处是不受原装电脑的结构、调教范围和参数的限制，而且处处照顾频繁的修改设定、调教数据、行车记录和加减附件等特别功能与弹性设计，提供了一个非常方便和灵活的平台给工程师发挥。由于大部分的替换式电脑都不是对应某一款车型而设计的，因此整个发动机控制程序要由改装者自行编写。此外还要为新电脑配上专用的传感器和进行重整电脑线组和插口等复杂工序，这是一项高难度和高成本的改装。

图5-12　MoTeC替换式电脑

更换ECU特别适用于重度改装的发动机。无论是把发动机由自然进气改为增压进气，加装额外的喷油嘴和特别的冷水注射器，或是把发动机换成另外一个型号、品牌甚至是另一种工作原理的，新型ECU都可以胜任。只不过在动手前必须确定负责改装的是位有真才实学资深的技术人员。

新型ECU内不会有原装的种种保护程序，任何错误设定都会令发动机受到严重破坏。此外由于原装ECU已不存在，一些车上原有的电子功能(如自我诊断故障和ABS、ESP等)会失效。因此更换ECU并不适合一般的民用改装车，只有非专业的重度改装车或赛车才会使用。

更换ECU的优点是安装容易、调教容易。因为它并不需要像外挂电脑那样进行跳线，也不用找OBD接收，所以相对来说比较简单。

缺点是替换式电脑完全无需考虑到原厂数据的局限性，所有数据任由技师随意设定。虽说替换式电脑有着无比强大的可调性，但这种电脑也正因没有固定的形式与规格，一切需要从头开始，使得对技师的要求非常之高。至于困难程度，有可能光是让车辆正常启动后怠速稳定，一两天的调校时间一点也不稀奇，所以这种替换式电脑多用于不计成本的职业车队。

常见的升级 ECU 设备品牌有 MoTeC、Haltech 等。

5.5　ECU 改装案例

5.5.1　宝马 MINI COOPER ECU 改装案例

1. 改装案例介绍

本案例的改装车型为宝马 MINI COOPER，改装项目为 ECU 升级。

2. 改装操作步骤

1) 读取数据前准备

(1) 打开引擎盖，查看车辆基本信息，如图 5-13 所示。

图 5-13　查看车辆信息

(2) 确定电脑板位置。

① 找到车辆的电脑板(每辆车的电脑板位置不一样，要视车辆而定)。

② 此辆车的电脑板在蓄电池位置，如图 5-14 所示。

图 5-14　确定电脑板位置

(3) 完成电脑板周围覆盖件的移除。

① 打开蓄电池盖板，如图 5-15 所示。

② 断开蓄电池负极，拆下发动机电脑板，如图 5-16 所示。

③ 图 5-17 箭头所指为电脑板位置。

图 5-15　打开蓄电池盖板

图 5-16　断开蓄电池负极

图 5-17　电脑板位置

(4) 从引擎舱取下 ECU 电脑板。

① 取出电脑板,如图 5-18 所示。

② 断开连接线束,拔下插头,如图 5-19 所示。

图 5-18 取出电脑板

图 5-19 断开线束及插头

(5) 拆除 ECU 电脑板罩壳,为后续工作做准备。

① 拧下固定螺丝,如图 5-20 所示。

图 5-20 拧下固定螺丝

② 借助平口螺丝刀撬开电脑板边缘，用美工刀割开边缘的胶(注意：不要伸进去太深，以免损伤里面的电脑板)，如图 5-21 所示。

③ 图 5-22 为拆开后电脑板内部结构。

图 5-21　割开边缘胶水

图 5-22　电脑板内部结构

(6) 连接好专用读取、写入设备。

将电脑板放置在专用读取设备的平台上；调整安装好专用读取设备，对好相应的点即可准备读取数据，如图 5-23～图 5-25 所示。

图 5-23　放置电脑板

图 5-24　对好读取点

图 5-25　专用读取设备与电脑板连接示意图

(7) 完成读取设备与笔记本电脑的连接。

① 将专用读取写入卡 CMD Flash 插入平台对应接口上。

② 将读取设备的 USB 数据线连接至笔记本的 USB 接口，如图 5-26 所示。

图 5-26　读取设备与笔记本电脑的连接

2) 读取和写入数据

(1) 双击打开桌面电脑板专用读取软件 CMD Flash，如图 5-27 所示；打开后软件主界面如图 5-28 所示。

图 5-27　打开软件 CMD Flash

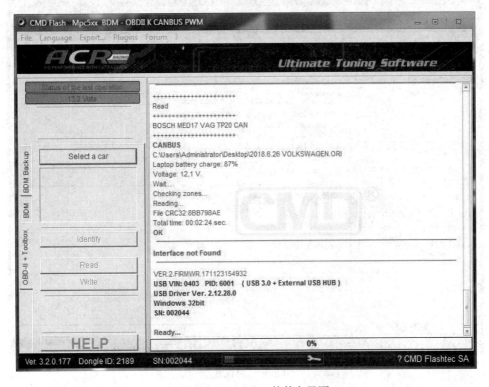

图 5-28　CMD Flash 软件主界面

(2) 选择车型→找到车型品牌→找到具体车型→找到车型对应的协议→点击"OK"，如图 5-29 所示。

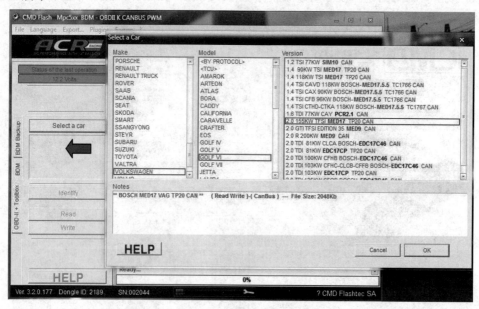

图 5-29 车型选取

(3) 打开电源→点击"Identify"进行协议匹配，如图 5-30 所示。

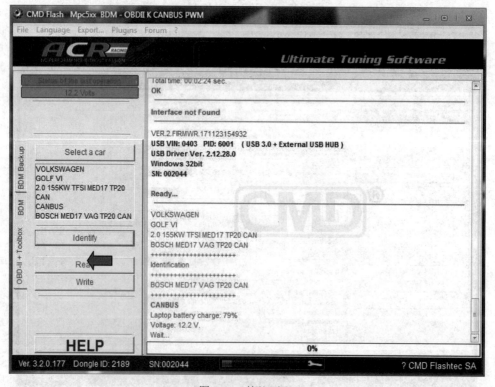

图 5-30 协议匹配

(4) 显示"OK"说明协议选择正确，可以进行下一步操作，如图 5-31 所示。

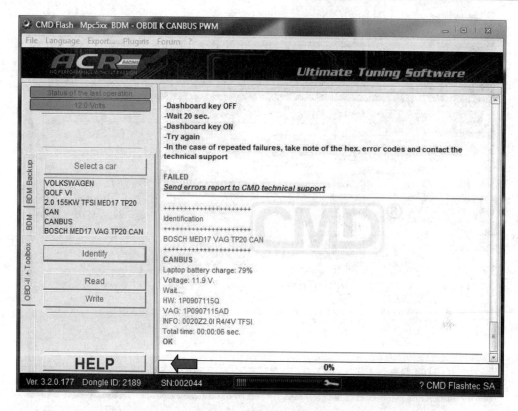

图 5-31　确认协议是否正确

（5）点击 Read 读取数据，将数据保存到操作电脑里，如图 5-32 所示。

图 5-32　读取数据

(6) 数据正在读取中，如图 5-33、图 5-34 所示。

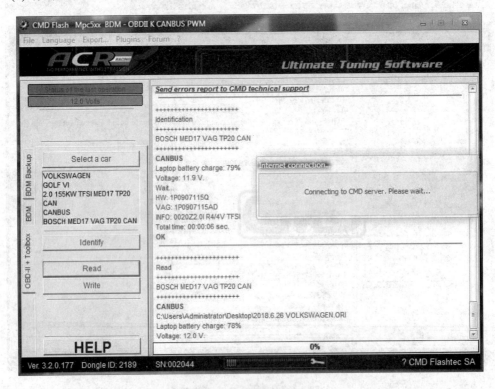

图 5-33　开始读取数据

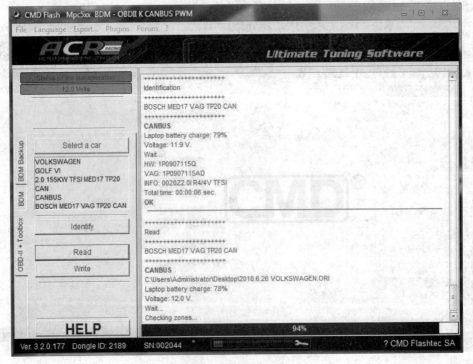

图 5-34　数据读取中

(7) 读取数据完毕后会再次显示"OK",如图 5-35 所示。

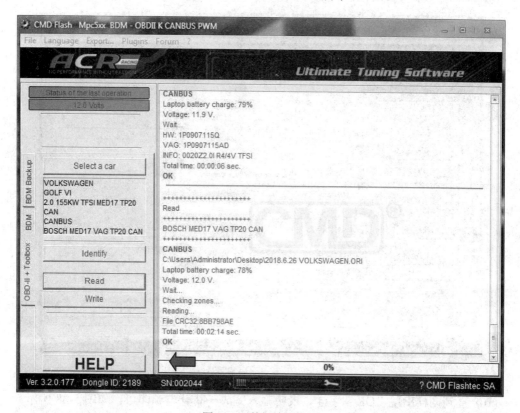

图 5-35　数据读取完毕

(8) 点击"Write",在电脑里选择已改写完成的文件→打开,如图 5-36 所示。

图 5-36　打开已改写完成的文件

(9) 开始写入改写好的文件，点击"是"(Y)，如图 5-37 所示。

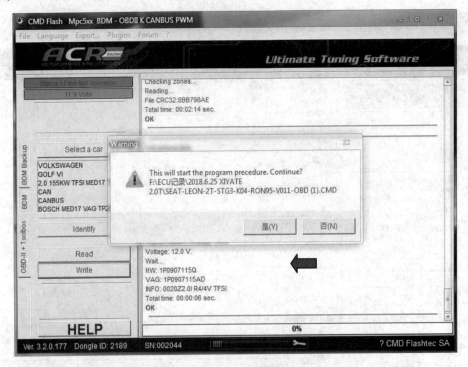

图 5-37　写入改写好的文件

(10) 直到同样出现"OK"字样，表明写入完成→断开电源即可，如图 5-38 所示。

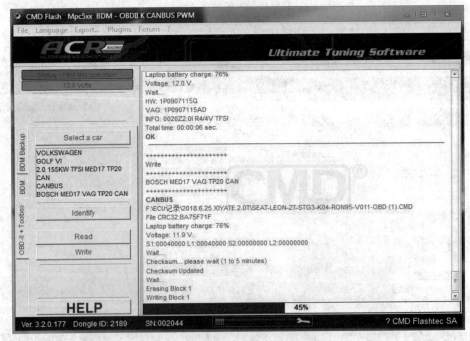

图 5-38　正在写入数据

3) 后续工作

(1) 移除专用读取设备线束连接。

① 拆除专用读取设备的连接线和相关器件，如图 5-39 所示。

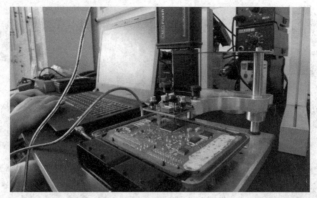

图 5-39 移除连接件

② 拆除后的电脑盖板，需要重新打上密封胶，如图 5-40 所示。

图 5-40 打密封胶

③ 装回电脑盖板固定螺丝，装车即可，如图 5-41 所示。

图 5-41 装回电脑板固定螺丝

(2) 完成刷写后的电脑板装车。

① 将刷写后电脑板重新装回车上。

② 装好蓄电池负极，如图 5-42 所示。

图 5-42　恢复蓄电池负极连接

(3) 施工结束后，最后准备进行路试。

5.5.2　西雅特 2.0T ECU 改装案例

1. 改装案例介绍

本案例的改装车型为西雅特 2.0T，改装项目为 ECU 升级，西雅特 2.0T 外观如图 5-43、图 5-44 所示。

图 5-43　西雅特正面图

图 5-44　西雅特侧面图

2. 改装操作步骤

1) 读取数据前准备

(1) 打开引擎盖，找到车辆铭牌，确认车辆信息，方便读取协议，如图 5-45、图 5-46 所示。

图 5-45　打开引擎盖

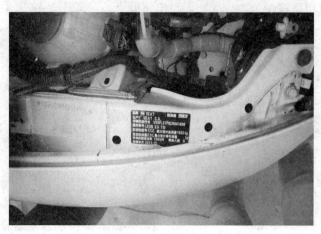

图 5-46　确认车辆信息

(2) 图 5-47 为专用读取写入设备，将设备连接好，如图 5-48 所示。

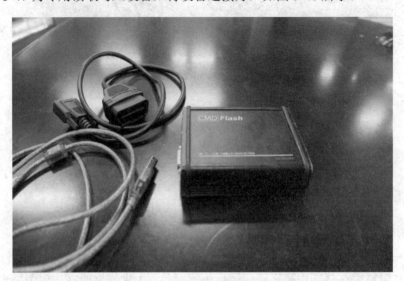

图 5-47　专用读取设备

图 5-48　读取器线束连接

(3) 完成 ECU 专用读取写入设备与车辆 OBD 接头的连接。

① 找到车辆 OBD 转接头，一般在车辆主驾驶下方，如图 5-49 所示。

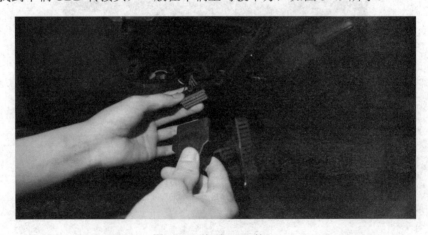

图 5-49　找到 OBD 接口

② 将车辆 OBD 接口与设备 OBD 接口对插接好，如图 5-50 所示。

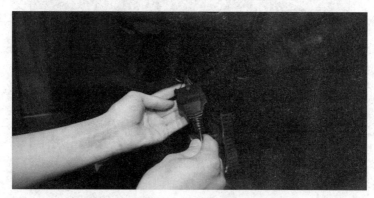

图 5-50　车辆 OBD 与设备 OBD 接口连接

③ 另一接口插到电脑 USB 接口，如图 5-51 所示。

图 5-51　设备 OBD 另一端连接电脑

2) 读取和写入数据

(1) 打开专用读取写入软件，如图 5-52、图 5-53 所示。

图 5-52　打开专用读取软件

图 5-53　软件启动界面

（2）点击"Select a car"选择协议，从左到右选择好协议点击"OK"，如图 5-54 所示。从左到右选择好协议后点击"OK"，如图 5-55 所示。

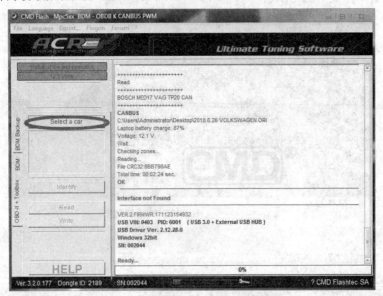

图 5-54　选择协议

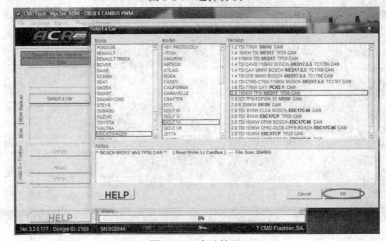

图 5-55　确认协议

(3) 打开车辆电源，完成设备识别。

① 选择好协议打开车辆电源(注意不是着车)，如图 5-56 所示。

② 然后点击"Identify"，设备会连接进行解码工作，如图 5-57 所示。

③ 显示"OK"表示协议已经通过，可以读取文件。(注意：ID 通过之后记得拍照或者截图，上传后台会用到，如图 5-58 所示。)

图 5-56　打开车辆电源

图 5-57　设备解码

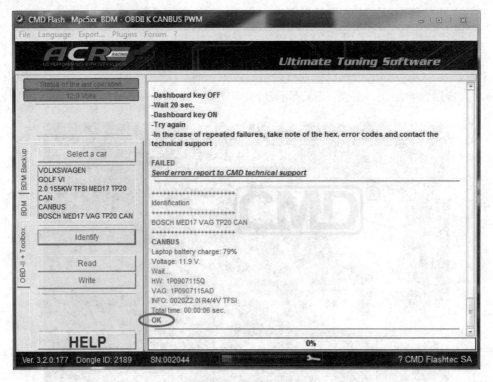

图 5-58　协议通过

（4）点击"READ"在弹出窗口中填写原厂文件名，其中命名方式为：日期+车型+排量+.ORI(注意"."+大写字母)进行保存，这里我们保存桌面，如图 5-59 所示。

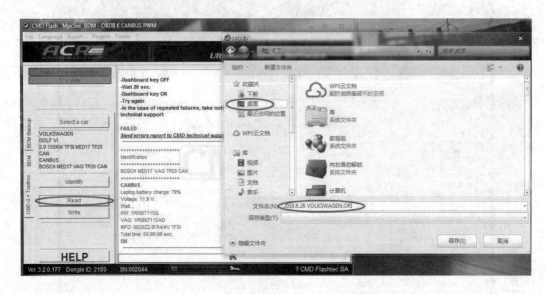

图 5-59　设置保存文件路径和文件名

（5）进度条显示读取中，如图 5-60 所示；显示"OK"表示读取结束，如图 5-61 所示。读取结束后关掉车辆电源，拔掉设备即可。

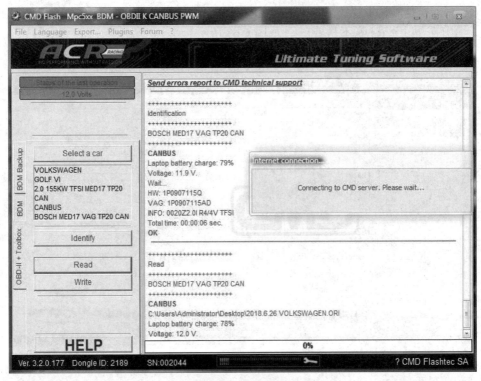

图 5-60 读取数据

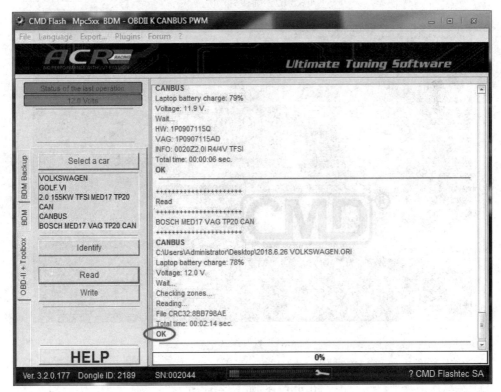

图 5-61 读取完毕

(6) 写入操作和读取操作协议一样，连接好设备，打开软件，如图 5-62 所示。选择好协议，打开车辆电源(注意不是着车)，如图 5-63 所示。

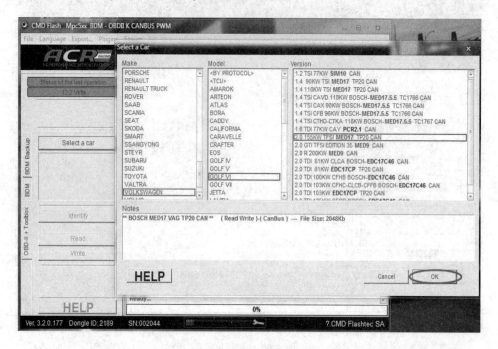

图 5-62　确认写入协议

图 5-63　打开车辆电源

(7) 写入前，再次进行设备识别确认。

① 在写入前需要再次点击"Identify"，如图 5-64 所示。

② 显示"OK"表示协议已经通过，可以写入文件，如图 5-65 所示。

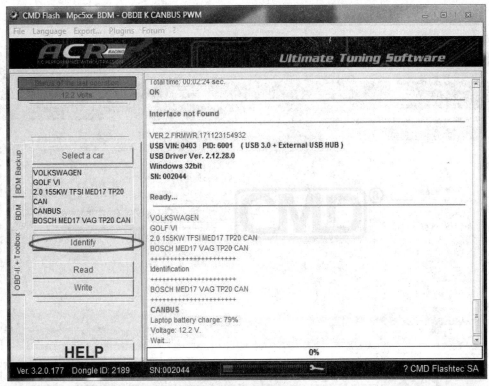

图 5-64　再次确认协议

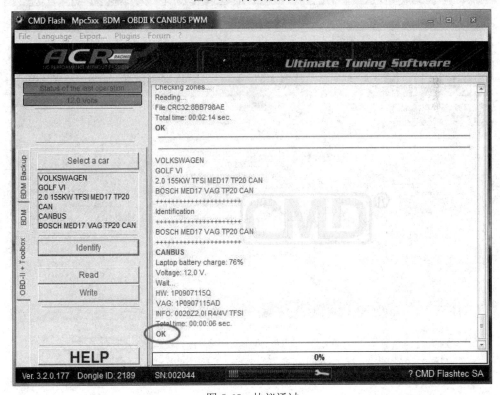

图 5-65　协议通过

(8) 点击 "Write"，选择要写入的文件，如图 5-66 所示；然后点击 "打开(O)"，如图 5-67 所示；点击 "是(Y)" 写入文件，如图 5-68 所示。

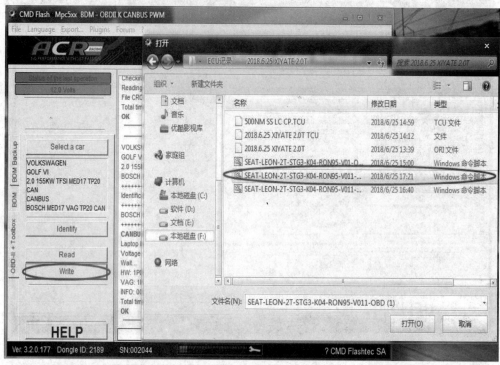

图 5-66　选择写入文件

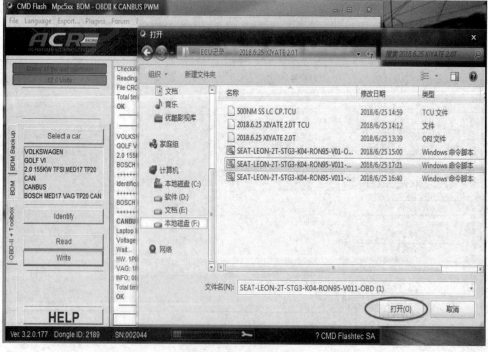

图 5-67　打开写入文件

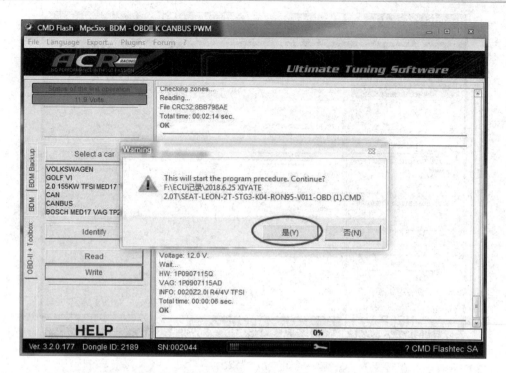

图 5-68　写入文件

(9) 开始写入，如图 5-69、图 5-70 所示；显示 "OK" 表示写入完成，如图 5-71 所示。写入完成后关掉车辆电源，拔掉设备。

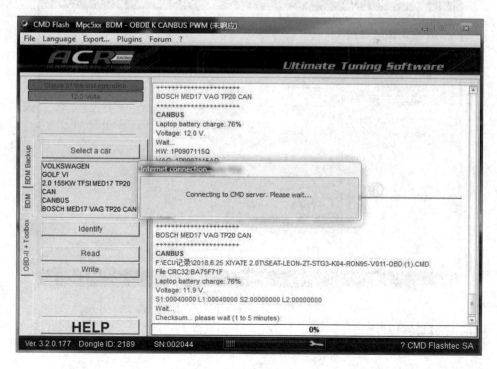

图 5-69　开始写入

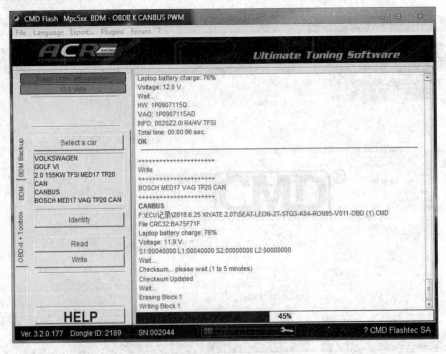

图 5-70　写入中

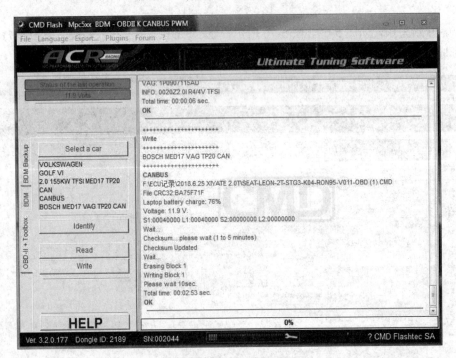

图 5-71　写入完成

(10) 完成最终检查。

① 操作完成之后，着车观察是否有故障。

② 无故障即可试车。

5.5.3　奔驰 C200L W205 长轴距版 ECU 改装案例

1. 改装案例介绍

本案例改装车型为奔驰 C200L W205 长轴距版，改装项目为 ECU 一阶调校。

C200L 搭载了一款 2.0 L 涡轮增压发动机，这款发动机也就是大家比较熟悉的 M274，出自于戴姆勒集团，最大功率为 135 kW，扭矩峰值为 300 N·m，传动方面，依然是 7 挡手自一体 7G-TRONIC 变速箱。

调教前后马力测试数据对比：原厂数据：183.2 hp/320.6 N·m(1：1 马力测试呈现)；调校后：227.4 hp /379.7 N·m(1：1 马力测试呈现)，如图 5-72 所示。

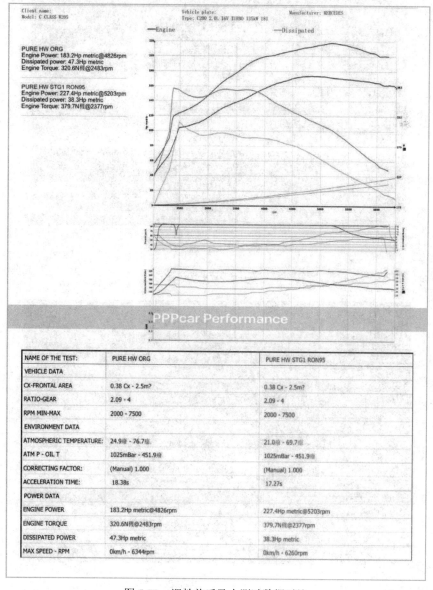

NAME OF THE TEST:	PURE HW ORG		PURE HW STG1 RON95
VEHICLE DATA			
CX-FRONTAL AREA	0.38 Cx - 2.5m?		0.38 Cx - 2.5m?
RATIO-GEAR	2.09 - 4		2.09 - 4
RPM MIN-MAX	2000 - 7500		2000 - 7500
ENVIRONMENT DATA			
ATMOSPHERIC TEMPERATURE:	24.9℃ - 76.7℉		21.0℃ - 69.7℉
ATM P - OIL T	1025mBar - 451.9℉		1025mBar - 451.9℉
CORRECTING FACTOR:	(Manual) 1.000		(Manual) 1.000
ACCELERATION TIME:	18.38s		17.27s
POWER DATA			
ENGINE POWER	183.2Hp metric@4826rpm		227.4Hp metric@5203rpm
ENGINE TORQUE	320.6N㎡@2483rpm		379.7N㎡@2377rpm
DISSIPATED POWER	47.3Hp metric		38.3Hp metric
MAX SPEED - RPM	0km/h - 6344rpm		0km/h - 6260rpm

图 5-72　调教前后马力测试数据对比

一阶研发技术要点：

(1) 维持原厂涡轮控制特性，不压榨涡轮极限，确保涡轮使用寿命。

(2) 维持原厂点火提前设定，0爆震率控制，发动攻击适合在各种情况下长期使用。

(3) 低增压设定，动力提升线性、不突兀，油门层次明显，油耗经济型不存在很大变化。

2. 改装操作步骤

(1) 客户到店后先在马力机上测原厂数据，也是为了和调教后的数据作对比，如图 5-73 所示。

图 5-73　马力机测试原厂数据

(2) 原厂数据测完后拆下电脑板，如图 5-74 所示。

图 5-74　拆下电脑板

（3）开板完成后开始解密，如图 5-75、图 5-76 所示。

图 5-75 开板连接专业读取设备

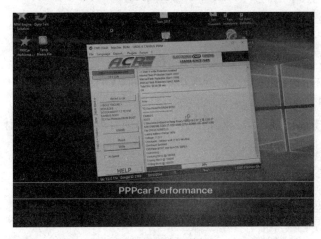

图 5-76 读取数据

（4）调教完成开始写入，如图 5-77、图 7-78 所示。

图 5-77 调校

图 5-78　写入数据

3. ECU 调校注意事项

(1) 拍下铭牌(确认车型和排量信息)。

(2) 打开软件，选择车型查看是否需要拆板。

(3) 需要拆板的根据线束寻找电脑板，不需要拆板的连上 OBD 接口。

(4) 利用工具打开电脑板。

(5) 拆板过程中需注意：切胶的时候，不要切到内部元器件；不能让电脑板发生形变，以防出现虚短或者虚断。

(6) 按图插好读取点(注意不要让暴露在外的线接触导电物体)。

(7) 通电读取(时刻监视读取过程)。

(8) 把读好的程序发给程序员。

(9) 写入程序员修改完的程序装车试车。

(10) 试车完毕后打胶封板。

第六章 制动系统改装

6.1 概　　述

　　使行驶中的汽车减速或者停车，使下坡行驶的汽车速度保持稳定，以及使已停驶的汽车保持不动，这些作用统称为汽车制动。对汽车起到制动作用的是作用在汽车上，其方向与汽车行驶方向相反的外力。滚动阻力、上坡阻力、空气阻力都对汽车起制动作用，但这些外力的大小是随机的、不可控制的。因此，汽车上必须装设一系列专门装置，以便驾驶员能根据道路和交通等情况，使外界(主要是路面)对汽车某些部分(主要是车轮)施加一定的力，对汽车进行一定程度的强制制动。这种可控制的对汽车进行制动的外力称为制动力，对应的一系列专门装置即称为制动系统。

6.1.1　制动系统的工作原理及组成

　　一般制动系统的工作原理可用图 6-1 所示的一种简单的液压制动系统工作原理示意图来说明。一个以内圆柱面为工作表面的金属制动鼓(8)固定在车轮轮毂上，随车轮一同旋转。

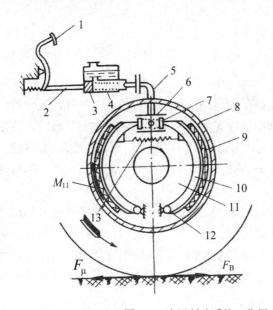

1—制动踏板；2—推杆；

3—主缸活塞；4—制动主缸；

5—油管；6—制动轮缸；

7—轮缸活塞；8—制动鼓；

9—摩擦片；10—制动蹄；

11—制动底板；12—支承销；

13—制动蹄回位弹簧

图 6-1　液压制动系统工作原理示意图

在固定不动的制动底板(11)上有两个支承销(12),支承着两个弧形制动蹄(10)的下端。制动蹄的外圆柱面上装有摩擦片(9)。制动底板上还装有液压制动轮缸(6),用油管(5)与装在车架上的液压制动主缸(4)相连通。主缸活塞(3)可由驾驶员通过制动踏板机构来操纵。

制动系统由供能装置、控制装置、传动装置和制动器四个部分组成。供能装置包括供给、调节制动所需能量以及改善传动介质状态的各种部件。控制装置包括产生制动动作和控制制动效果的各种部件。传动装置包括将制动能量传输到制动器的各个部件。制动器是产生阻碍车辆运动或运动趋势的制动力的部件。较为完善的制动系统还包括制动力调节装置以及报警装置、压力保护装置等附加装置。

6.1.2 制动系统的性能要求与热衰退现象

随着车辆性能的不断提高,车辆的最高时速也在不断增加。对于车辆来说,不仅要跑得快,更要停得住。制动系统的性能对于行驶的安全性是至关重要的。车辆从较高的车速采取制动,应能在很短的时间内静止下来。车辆从较高车速到静止的过程中,需要把较高车速车辆的动能变为零,那就需要将车辆的动能转化为其他形式的能量。在制动过程中,车辆的动能会转化为制动系统内由于相互摩擦产生的热能和车轮与地面相互摩擦产生的热能及车轮由于摩擦导致磨损而消耗的能量。这部分的能量大部分是以热能的形式存在,这部分热能会导致制动系统的温度升高,甚至可达到 200℃以上。在较高的温度下,制动系统的制动效能会大大降低,甚至导致刹不住车。产生这种现象的主要原因是在较高的温度下,制动系统中相互摩擦的零件的表面因为散热不够,温度过高,相互摩擦的表面摩擦系数大幅降低,表现为制动力快速下降。另外,由于制动系统温度过高,还会导致制动液的温度过高,制动液会在高温下产生气体,制动管路中出现气体也会使制动的效能大幅减低,甚至制动失效。

6.1.3 盘式制动器

制动器是制动系统中用以产生阻碍车辆运动或运动趋势的力的部件,后一提法适用于驻车制动器。一般制动器都是通过其中的固定元件对旋转元件施加制动力矩,使后者的旋转角速度降低,同时依靠车轮与路面的附着作用,产生路面对车轮的制动力,使汽车减速。目前,各类汽车所用的摩擦制动器可分为鼓式制动器和盘式制动器两大类,本章只介绍盘式制动器的改装。

盘式制动器摩擦副中的旋转元件是以端面工作的金属圆盘,此圆盘称为制动盘。其固定元件是工作面积不大的摩擦块与其金属背板组成的制动块,每个制动器中有 2~4 个制动块。这些制动块及其促动装置都装在横跨制动盘两侧的夹钳形支架中,总称为制动钳。这种由制动盘和制动钳组成的制动器称为钳盘式制动器。图 6-2 所示为桑塔纳轿车钳盘式制动器。

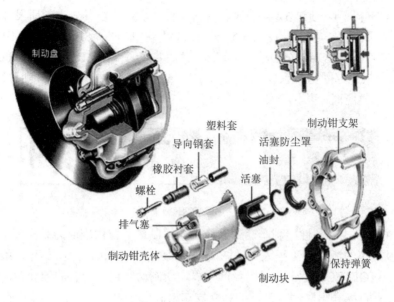

图 6-2 桑塔纳轿车钳盘式制动器

6.1.4 制动系统改装品牌

目前市面上主流的制动系统改装品牌有 alcon、STOPTECH、TAROX 等。

世界顶级刹车品牌 alcon 出自赛车国度——英国,1984 年在英国中部城市斯塔福德郡 (Staffordshire)创立,其标志如图 6-3 所示。至今为止,alcon 在国际各大赛车场上已是无人不晓的大品牌,旗下除了生产专业制动系统外还有强化竞技离合器。凭借着英国 alcon 工程师多年来对产品研发的努力及超卓的产品性能,alcon 旗下制动系统和强化离合器产品在过去 20 多年里,备受各世界各大顶尖赛车队认可。

图 6-3 alcon 标志

alcon 先在发源地欧洲的各大赛场赛事中播下种子,近年,alcon 产品更被广泛地应用在亚洲及大洋洲各赛场中。澳洲 V8 超级房车赛选定了 alcon 为指定刹车系统供货商;在有亚洲汽车皇国之称的日本,alcon 也获得了广泛认可,认可标志就在于日本本土最高级别赛事 GT 500 中,alcon 被众多车队选用。美洲方面,自 2003 年起,被称为美国 F1 的 Indy Car Series 赛车场广泛使用 alcon 制动产品,多支 NASCAR 车队也在使用 alcon 产品。由此可见,alcon 系列产品在全球范围内的认可度已经相当高。

STOPTECH(刹车)，通过 12 年的执著创新和独立研发，以其先进的研发理念及精湛的制作工艺，多次荣登美国优秀汽车专业杂志"SPEED""SPORT COMPACT CAR""EUROPEAN CAR""Car and Driver Magazine"，并成为 SPEED World Challenge Touring Car Series (世界极速巡回挑战系列赛事)、Grand-Am Cup 系列赛事、北美地区拉力赛等赛事活动的指定刹车供应商，其标志如图 6-4 所示。

图 6-4 STOPTECH 标志

STOPTECH 以成为高性能刹车套件系统的领军制造商及供应商为终极理念，糅合了对高性能车以及赛车的激情，工程人员试图颠覆制动技术的现状，为刹车升级系统制定新的典范。如今，STOPTECH 是全球针对量产车"均衡制动升级"理念的领导者，为 277 个平台提供产品，并持续获得对刹车测试的独立发布权。迄今为止，STOPTECH 在业内已颇具优势，其先进的刹车系统，为北美地区的各类赛事提供最具竞争力的制动技术。STOPTECH 始终专注于初期理念，其秉承这一理念，持续地为民用玩家、赛车爱好者及专业赛车手提供技术创新和产品改进。

意大利品牌 TAROX 始创于 1976 年，1979 年首次参加 F1 赛车至 1982 年，在短短 3 年内就帮助威廉姆斯车队拿下当年的全年总冠军，车队使用的 TAROX 制动系统也一战成名，其标志如图 6-5 所示。

图 6-5 TAROX 标志

TAROX 卡钳生产过程：使用航空锻造铝型材 T6061，通过 CNC 切割精加工生产，分体两片式锻造。卡钳颜色通过特殊喷砂与阳极处理上色，目前市场上销售的同类型刹车基本上都为喷漆涂装。卡钳多活塞设计从小到大分别为 6 活塞、8 活塞、10 活塞、12 活塞，采用固体钢坯加工而成，TAROX 独家的热处理加工技术是品质的保证。目前市售的其他品牌基本采用铸铁碟盘，同比之下 TAROX 拥有更高的拉伸强度。TAROX 刹车碟的极限抗拉强度(UTS)为每平方毫米 57 公斤，赛车刹车碟片通常是每平方毫米 38 公斤，CEE 标准 UTS 为每平方毫米 25 公斤，这意味着该刹车碟的使用寿命是正常刹车碟的两倍。

6.2 制动系统的改装

对制动系统的改装主要是对增加制动效能的零部件的改装，包括制动片、制动盘、制动钳等。改装的目的是提高制动系统内摩擦件的摩擦力、快速散热，保证制动系统在特殊情况下的制动效能。

6.2.1 制动块(片)的改装

如图 6-6 所示，制动块由摩擦块与其金属背板组成，每个制动器中有 2～4 个制动块。

图 6-6 制动块

1. 制动块的直接换用

换用高性能的制动块是提高制动力最直接、有效、简单的方法。原厂的摩擦块由于要照顾到成本、耐用、清洁(刹车粉)和低温功效等要求，一般来说摩擦系数不会很高(大概在 0.4 以下)，而且大多不能承受超过 300℃的温度，因此在连续多次使用后便会发生效能衰退，所以，更换高性能的摩擦块是制动改装的第一步。

目前高性能的摩擦块大多以碳纤维和金属材质为主要原料，并强调采用不含石棉的环保配方。摩擦块的选择除了以厂商提供的摩擦系数-温度曲线及适用工作温度作为依据外，还可以专业部门的测试报告或选用经验作为参考。不同材质摩擦块的选择要考虑不同材质会有各自不同的工作温度区域，对制动系统的要求越高则产品的正常工作温度就会设定得越高，但也要根据实际情况来定。

选择高性能摩擦块时要根据车辆的使用情况来选择摩擦块的摩擦系数和耐受温度，摩擦系数太高会使得慢速行驶时的制动变得太敏感，每次轻触刹车踏板都会产生很大的制动力，此外刹车盘也会因磨损增大而降低寿命。建议制动系统改装时可选购工作温度在 0～500℃、摩擦系数值在 0.4 以上的摩擦块，这可以适应大部分制动工况的需要。

2. 增加摩擦块的数量

通过增加摩擦块的数量，在相同制动力情况下降低了单个摩擦块因制动摩擦产生的热量，因此降低了单个摩擦块的温度，这种改装效果明显，但改装成本高，需要增加制动钳的数量以及相应的液压管路。目前一些高档轿车上采用了这种办法来提升车辆的制动效能，一个车轮上使用一个制动盘、两个制动钳、四个制动块。

3. 加大摩擦块的工作面积

加大摩擦块的工作面积，在相同制动力情况下降低了单个摩擦块因制动摩擦产生的热量，因此降低了单个摩擦块的温度，这种改装效果仅次于第二种改装方法，改装成本较第二种改装方法要低一些。

6.2.2 制动盘(碟)的改装

如图 6-7 所示,制动盘与轮毂连接,是制动器中的旋转元件。制动盘的材质也同制动块一样重要,一般都会采用铸铁、不锈钢、碳纤维或是陶瓷材料。如果耐高温能力太低,在制动频繁工作中所产生的高温会导致碟盘产生退火的现象,从而使得碟盘的表面变软并脆化,轻则产生碟盘的抖动,重则导致碟盘出现裂痕,危害行车安全性。改装制动盘,一般会从以下三个方面进行。

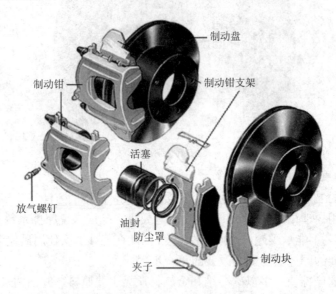

图 6-7 盘式制动器

1. 加大盘面尺寸

随着制动盘直径的增大,制动盘的表面积也随之增大,表面积越大产生的摩擦力也会越大,并且随着力矩增加,产生的制动力也相应增大。

2. 盘面画线和使用通风碟

摩擦面上的旋转放射状坑纹除了有助于把在高温摩擦时产生的刹车粉屑引走和排出热气之外,还可以避免制动产生的粉屑留在制动片和制动盘之间,造成打滑和制动盘的不正常磨损,降低摩擦系数。通风碟的透风中空设计也是为了降低和平均碟内外两面的温度,减少制动盘因为碟片两面温度的不同发生的变形。

3. 盘片打孔

打孔有两个直接作用,一个是加强制动盘的通风效果,促进冷却;另一个是减轻制动盘的重量,达到轻量化的目的,但会减少摩擦面积和影响制动片的耐用性。

画线和打孔对制动都没有直接的帮助,它们的作用主要是提升制动系统在极限状态的功能。另外,要注意制动盘的平衡性,如果使用自行加工或者非正式的制造厂家生产的制动盘,由于没用专用的仪器来测量制动盘的平衡性,这样的制动盘在装车后易造成盘面和制动片的磨损,使用寿命很短,制动反而有可能比原来还弱。同时,对应不同尺寸轮辋,制动盘的选用也是有要求的,一般的规则:15 in(38.1 cm)的轮辋对应直径 285 mm 的碟盘,

16 in(40.64 cm)的轮辋对应直径 305 mm 的碟盘，17 in(43.18 cm)的轮辋对应直径 335 mm 的碟盘，18 in(45.72 cm)的轮辋对应直径 355 mm 的碟盘。

6.2.3 制动钳的改装

如图 6-8 所示，浮钳式制动器被广泛地使用在轿车制动系统中，制动钳支架固定在转向节上，制动钳体用紧固螺栓与制动钳导向销连接，导向销插入制动钳支架的孔中作动配合，于是制动钳体可沿导向销作轴向滑动。制动盘内侧的制动块和外侧的制动块用可活动动弹簧卡在制动钳支架上，可以轴向移动但不能上下窜动。制动钳只在制动盘内侧有液压缸。

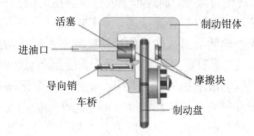

图 6-8 浮钳式制动器

换一套大型多活塞的制动钳能直接提高刹车性能。制动钳越大，配用制动块的面积一般也越大，制动时摩擦的面积就会越大，制动的效能就会提高。

制动钳的活塞数量越多，施加在制动块上的压力和产生的温度就越均匀，还可增加活塞的总面积。因为刹车油的管道可承受的压强有限，加大活塞面积就能提高制动块对刹车碟的极限压力。但换用多活塞的制动钳后要达到相同的刹车压力就可能需要更大的踏板行程，也就是说要踩得更深。改善这一问题的方法是更换制动总泵，甚至是配用双制动总泵来分别控制前后制动的分配，以达到最理想效果。但这样改装成本就会提高，一是活塞越多的制动钳价格越贵，二是改装制动总泵尤其是双制动总泵涉及的技术问题很多。

在选购和安装制动钳的时候，要特别注意以下几点：

(1) 一定要选择品牌过硬的产品。产品的品牌往往是质量保证的前提，不要为了图便宜，使用不知名的品牌或者翻新及原厂改制的制动钳，让自己和他人的生命处于危险的境地。

(2) 制动钳上都有泄气孔，换装时除了必须将内部的空气泄出外，也必须注意泄气孔的位置是否正确。如果是具有双泄气孔的制动钳，则必须先泄出靠近油管一侧的空气，之后再泄出另一侧的空气。

(3) 当制动钳安装完成后，需注意碟盘外缘与制动钳里侧的弧形部位是否保持有 2 mm 左右的距离，间距不足或过大，都会影响到制动性能。

6.3 制动液与油管的选择

1. 制动液的选择

制动液本身必须要有良好的流动性，才能迅速地传递压力，而制动液的选用要领主要在其沸点的高低，沸点越高的制动液，其等级也相应越高。以 DOT3、DOT4、DOT5 的规格而言，DOT3 的干沸点为 205℃，湿沸点为 140℃；DOT4 的干沸点为 230℃，湿沸点为 175℃；DOT5 的干沸点为 260℃，湿沸点为 180℃。干沸点是指制动液还没有开封使用过时的沸点，此时耐温能力较高；由于制动液极易吸收空气中水分，水分渗入制动液中，就成为低沸点的湿沸点工作状态了。使用之后，制动液的沸点测试非常重要，平均每 4 万公里就应该更换一次。若未达到这个里程，则每年应该更换一次制动液，以确保其品质。

若制动系统经过了加强改装，制动液的选择上也应该提高相应的等级。

2. 油管的选择

油管负责传递制动液油压，也是改进制动系统的重点。制动总泵的作用力要到达各个制动分泵，必须利用制动液作为媒介，通过车身的管路将压力分别送到前后左右 4 个泵上。从制动总泵到车底的部分通常是以铜管连接的，铜管的强度较高，变形较小，这部分一般不会出现问题，但为了配合轮胎与悬挂伸展的活动空间，在制动钳的前部，原厂都会使用橡胶包覆的铁氟龙管来连接。橡胶本身是有弹性的，承受制动系统的液压力就会产生变形，造成管径的变化，降低了制动液液压的传递效果，使制动分泵无法产生稳定的制动力，这样的情况会随着使用年限及制动系统剧烈的操作而加剧变形的程度，而且橡胶用久了之后会有疲劳现象，原来应该传到制动钳分泵的压力会因为管路的弹性膨胀而损失，实际传到制动块上的压力就会变小，而采用金属油管就可解决这个问题。其实这里所说的金属油管并不是完全的金属，而是可承受高压、高温，内为铁氟龙材质，外层包覆金属蛇皮管的管路。这种管路提供了优良的液压传递效果，使由制动总泵传来的液压能完全用来推动分泵的活塞，提供稳定的制动力。此外，金属材质也有不易破损的特性，这就大幅减少油管破损造成制动失灵的概率。

在改装刹车系统时，一般都会把注意力放在制动力上，因为改装后的效果很容易感觉得到，市面上很多经济型改装套装都可以满足这方面的要求，但要同时具有重量轻、高耐热和高散热的能力，就必须选购品质高的产品。

6.4 大众高尔夫制动系统改装案例

1. 改装案例介绍

本案例的改装车型为大众高尔夫，改装项目为制动系统改装，选取的改装产品为美国 STOPTECH 制动系统套件。

STOPTECH 制动系统套件的产品细节如图 6-9～图 6-11 所示。图中为前轮运动型对向四活塞制动卡钳套装。所有配件包括制动卡钳本体、摩擦蹄片、金属编织外层防爆油管、转接桥(俗称桥码)以及制动碟。较原厂制动系统的优势在于：质量更轻、散热更好、抗热衰退能力更强，多活塞设计使得刹车力分布更均且比较线性，这些优势决定了相

图 6-9　制动碟

同时速下制动距离更短。

接下来，详细介绍 STOPTECH 制动系统套件各部分组件。

(1) 图 6-9 为制动碟。此制动碟为画线一体通风碟，其画线部分的设计可使雨天行驶时的排水性更好，避免水膜对制动效果的影响。另外还能帮助及时排出制动粉末、帮助散热。

(2) 图 6-10 为专车专用的转接桥、分体式制动蹄片以及金属编织外层的制动油管(俗称钢吼，优点在于管路本身不会因压力而膨胀，保障制动油压)。

(3) 图 6-11 为制动卡钳本体，由锻造铝合金加工而成。具有质量轻、散热佳、强度高的特点。

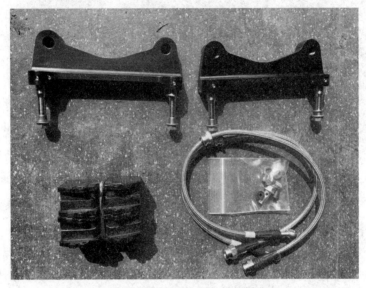

图 6-10　专车专用的转接桥

图 6-11　制动卡钳本体

(4) 更换大型的刹车碟，由于刹车碟加大，所以卡钳无法按照原先的位置进行安装；这时就需要转接桥的帮助，它的作用是改变刹车卡钳的安装位置，配合刹车碟。

制动系统改装操作过程当中所需的工具如图 6-12 所示。

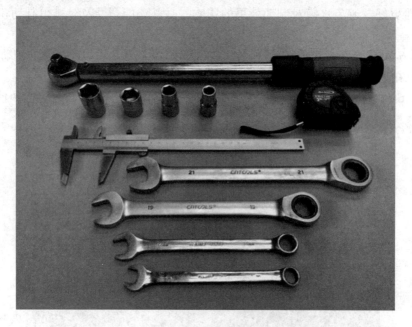

图 6-12 改装工具

2. 改装操作步骤

(1) 使用飞扳组合六角套筒，进行转接桥与制动卡钳本体的组装，确保两颗安装螺栓绝对紧固，并且安装扭矩保持一致，如图 6-13 所示。安装完成图如图 6-14 所示。

图 6-13 组装转接桥与制动卡钳本体

图 6-14 安装完成图

(2) 完成制动碟与制动卡钳的预安装。

① 将制动油管安装于制动卡钳主进油安装口(需要注意的是，安装时必须安装套件内配套的铜质垫片)，确保紧固，避免渗漏，如图 6-15 所示。

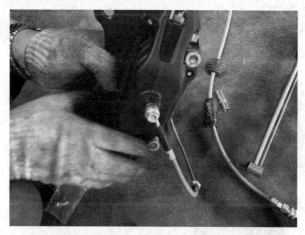

图 6-15 制动油管安装

② 将制动卡钳内活塞手动推至最里侧，并将制动蹄片安装到位(每个卡钳四片分别对应四个活塞位置，摩擦面对向安装)，如图 6-16 所示。

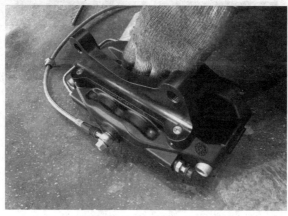

图 6-16 制动蹄片安装

③ 随后将制动碟与制动卡钳预安装，以测试活塞及制动蹄片位置是否准确，如图 6-17 所示。

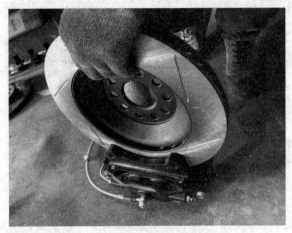

图 6-17　制动碟与制动卡钳预安装

(3) 完成制动碟的安装。

① 将原厂前轮轴承制动碟安装在轮毂制动器(HUB)的安装面，用粗砂纸打磨干净(除锈及各种氧化物，保证安装面平整)，如图 6-18、图 6-19 所示。

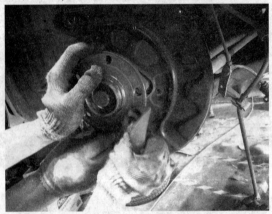

图 6-18　打磨 HUB 的安装面

图 6-19　打磨后的 HUB 安装面

② 制动碟安装(安装时需注意制动碟分左右，通常以画线方向向后为准。另外安装时，需对准制动碟安装限位固定孔)，如图 6-20 所示。

图 6-20　制动碟安装

③ 将限位固定螺栓紧固，如图 6-21 所示。

图 6-21　限位固定螺栓紧固

(4) 完成制动卡钳的安装。

① 安装制动卡钳，如图 6-22、图 2-23 所示。

图 6-22　预安装制动卡钳

图 6-23　安装卡钳

② 将制动卡钳转接桥上、下两个安装孔位与原车羊角制动器安装孔位对准，插入螺栓，如图 6-24、图 6-25 所示。

图 6-24　安装孔位对准

图 6-25　插入螺栓

③ 用扭力扳手按标准安装扭矩紧固，如图 6-26、图 6-27 所示。

图 6-26　准备紧固

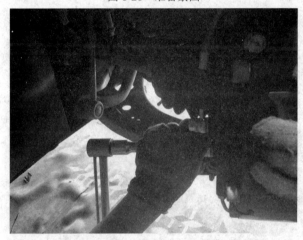

图 6-27　扭力扳手紧固螺栓

(5) 完成制动管路安装。

① 将制动油管与原车制动管路相连接(安装时需使用两把扳手对向紧固)，如图 6-28～图 6-30 所示。

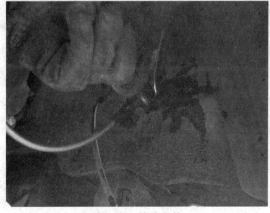

图 6-28　管路对接

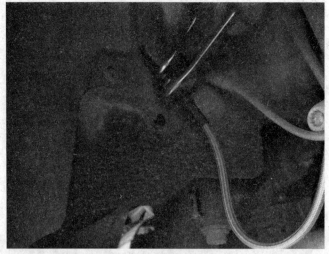

图 6-29　紧固油管螺栓

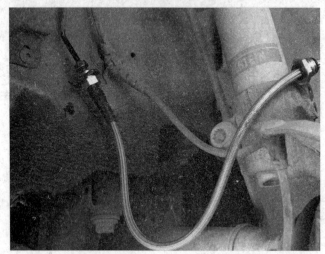

图 6-30　完成紧固

② 将制动油管固定在原车管路固定座上，如图 6-31 所示。

图 6-31　制动油管固定

③ 反复左右转动整个组件，模拟左右打方向时的运动状态，确保制动油管有一定运动余量，并作调整，如图 6-32、图 6-33 所示。

图 6-32　调整　　　　　　　　　　　　　　　图 6-33　转动整个组件

(6) 安装完毕，最后添加制动液，进行排空作业。

(7) 全部施工结束后，将轮毂复装并进行路试，如图 6-34、图 6-35 所示。

图 6-34　安装效果图

图 6-35　轮毂复装

参 考 文 献

[1] 张恩元，梁超. 汽车改装培训教程[M]. 北京：化学工业出版社，2017.

[2] 宁德发. 汽车改装技术应用与实例[M]. 北京：化学工业出版社，2017.

[3] 吴兴敏，汪涛，尚丽. 汽车改装技能与实例[M]. 北京：化学工业出版社，2017.

[4] 吴珂民，吴定才. 汽车改装 500 问[M]. 北京：化学工业出版社，2016.

[5] 冯培林，张启森. 汽车改装技术[M]. 北京：化学工业出版社，2016.

[6] 吴兴敏，张鹏. 汽车改装[M]. 北京：北京理工大学出版社，2015.

[7] 姚时俊. 汽车改装经验谈[M]. 2 版. 北京：机械工业出版社，2015.

[8] 安永东，张德生. 汽车改装技术与实例[M]. 2 版. 北京：化学工业出版社，2014.

[9] 付铁军，张鹏. 汽车改装技术 200 问[M]. 2 版. 北京：机械工业出版社，2013.

[10] 李平. 玩转汽车改装[M]. 北京：机械工业出版社，2014.

[11] 陈甲仕. 汽车改装码上学[M]. 北京：机械工业出版社，2019.

[12] 宁德发. 图解汽车改装一本通[M]. 北京：化学工业出版社，2016.

[13] 吴永万. 澎湃动力：汽车发动机改装[M]. 北京：机械工业出版社，2018.

[14] 陈家瑞. 汽车构造(上册)[M]. 3 版. 北京：机械工业出版社，2013.

[15] 陈家瑞. 汽车构造(下册)[M]. 3 版. 北京：机械工业出版社，2013.